应急管理系列丛书

U0807926

情景式应急演练策划与组织

方文林　主编

中国石化出版社

内 容 提 要

本书是《应急管理系列丛书》之一，在介绍重大突发事件情景构建基础上，结合应急演练情景设计的案例以及国家安监总局88号令和GB/T 29639—2013《生产经营单位生产安全事故应急预案编制导则》的要求，全面阐述了应急演练的策划、组织和评估等内容，提供了通用的演练程序、方法。

本书适用于生产经营单位安全、应急管理人员及专业技术人员进行应急培训和工作指导，也可供政府各级安全监督管理部门从事应急监督管理的人员作为参考用书，还可供本科生、研究生、科研人员学习参考。

图书在版编目(CIP)数据

情景式应急演练策划与组织 / 方文林主编.
—北京:中国石化出版社，2017.8(2024.12 重印)
(应急管理系列丛书)
ISBN 978-7-5114-4556-8

Ⅰ.①情… Ⅱ.①方… Ⅲ.①突发事件-处理-研究
Ⅳ.①D035.34

中国版本图书馆 CIP 数据核字(2017)第 171314 号

中国石化出版社出版发行

地址:北京市东城区安定门外大街 58 号
邮编:100011 电话:(010)57512500
发行部电话:(010)57512575
http://www.sinopec-press.com
E-mail:press@sinopec.com
北京科信印刷有限公司印刷
全国各地新华书店经销

*

850×1168 毫米 32 开本 3 印张 73 千字
2018 年 2 月第 1 版 2024 年 12 月第 5 次印刷
定价:18.00 元

2 重大突发事件情景构建

2.1 重大突发事件情景组成与分类

重大突发事件情景实质上是反映经营单位的最主要风险，而不同的国家或地区由于经济社会发展水平，以及文化和自然环境的差异性，使其面对突发事件的风险有很大区别，需要对情景进行可选择性的分级与分类，这既可保证应急管理在整合水平上的一致性，又有利于对不同风险进行区别对待和实施分级和分层管理。一个主要基于风险特征的突发事件情景分级分类矩阵（见表2-1），用一个简略矩阵形式，体现出事件情景的性质分类、强度级别、情景特点三个维度的特性。

表 2-1　突发事件情景分级分类矩阵

级别/性质	自然(N)	技术(T)	社会(S)	合计
一级巨灾（危机）	疫病大流行、特大地震、飓风	核泄漏、危险化学品泄漏	恐怖袭击（爆炸、生物袭击或核爆）、暴乱	7
二级灾难级	洪水、大坝失效、森林大火	特大交通事故、空难、海难	种族、宗教和经济纠纷等导致激烈冲突，网络袭击	8
三级事故（件）级	局地极端气象条件、地质灾害	工业与环境事故、重大火灾、重大交通事故	公共集聚、大规模工潮	7
合计	8	8	6	22

第一级是巨灾或危机级情景，是所有情景中最高级别，也可称为国家突发事件情景。这类事件特点是极端小概率，严重威胁

公众群体生命安全与健康，对经济社会破坏力极强，损失严重，波及范围广泛，影响至全国，有时可超越国界，灾变情况十分复杂，常造成继发性或耦合性灾害，恢复十分困难，甚至难以恢复，需要动员国家力量才能应对的特别重大危机事件。矩阵表中试列出了 7 组巨灾(危机)情景。

第二级为灾难，一般是指事件发生概率相对较低，破坏强度很大，后果较为严重，波及范围超出几个市、可遍布全省乃至跨越省辖区，情况较为复杂，动员力度较大，较长时间才能恢复的重大突发事件。表 2-1 中试列出 8 项，可作为省辖区重大突发事件情景组。

第三级为事故或事件，主要是指发生概率相对较高，事件造成破坏强度有限，波及范围在市县级政府辖区范围之内，灾种较为单一，处置力度相对较小，较短时间即可恢复的突发事件。表中试列有 7 个情景组，这类基本属于市县辖区的突发事件情景。

我们已注意到，列入矩阵中的 22 个情景中并没有包括一些大家所熟知的具有影响的事件，但同样也可以发现，已提出的这些情景基本反映了各类突发事件共性特点和公共安全面临的主要威胁，这样基本可以保障用最少量的、最有代表性和最可靠的情景，明确应急准备的方向与范围，指导综合性应急预案的编制和组织培训与演练实施。

突发事件情景规划的事件分级不同于我国目前对突发事件的分级方法。在我国突发事件应对法和《国家突发公共事件总体应急预案》等相关法律法规文件中都是首先按照行政管理的领域划分成自然灾害、事故灾难、公共卫生事件和社会安全事件四个类别，然后依据每个类别不同类型事件的损失后果(人员伤亡或经济损失等)程度进行事件分级，即所谓先分类再分级的办法。突发事件情景规划的事件分级，主要强调事件本身的强度和应对的难易程度，尤其关注应急准备和应急响应与之相匹配的能力。因此，应急准备任务设置和应急响应能力要求成为突发事件情景规划中主体内容，对此，可以称之为基于事件强度和能力的分级思想。突发事件情景规划的这种分级方法有利于对所有各类事件进行分层管理。分级与分层是两个不同属性的概念，分层管理特别强调的是每一级政府或每一个单位应对突发事件的能力，无论突发事件类型、级别和预期后果如何，都必须从事发地最底层政府启动应急响应，应急管理权与指挥权是否转移至上一级，主要取决于应对能力。这样处置不但可充分发挥基层政府“第一时间响应”的作用，而且特别有利于实现属地为主原则和减少应急响应成本。

2.2 重大突发事件情景构建概念

情景构建中的“情景”不是某典型案例的片段或整体的再现，而是无数同类事件和预期风险的系统整合，是基于真实背景对某一类突发事件的普遍规律进行全过程、全方位、全景式的系统描述。“情景”的意义不是尝试去预测某类突发事件发生的时间与地点，而是尝试以“点”带面、抓“大”带小，引导开展应急准备工作的工具。理想化的“情景”应该具备最广泛的风险和任务，表征一个地区(或行业)的主要战略威胁。

情景构建是结合大量历史案例研究、工程技术模拟对某类突发事件进行全景式描述(包括诱发条件、破坏强度、波及范围、复杂程度及严重后果等)，并依此开展应急任务梳理和应急能力评估，从而完善应急预案、指导应急演练，最终实现应急准备能力的提升。因此，情景构建是“底线思维”在应急管理领域的实现与应用，“从最坏处准备，争取最好的结果”。

情景构建与企业战略研究中的“情景分析”都是以预期事件为研究对象，但是应用领域和技术路线又不尽相同。情景分析法又称前景描述法，是假定某种现象或某种趋势将持续到未来的前提下，对预测对象可能出现的情况或引起的后果作出预测的方法，因此情景分析是一种定性预测方法；情景构建是一种应急准备策略，通过对预期战略风险的实例化研究，实现对风险的深入剖析，对既有应急体系开展“压力测试”，进而优化应对策略，完善预案，强化准备。

在传统应急管理中，实战演练之前往往开展情景设计，常规情景设计与重大突发事件情景构建无论在研究体量、研究目的，还是研究意义都存在着一定的差异，如表 2-2 所示。

表 2-2　常规情景设计与重大突发事件情景构建差异表

项目	重大突发事件(巨灾)情景构建	常规情景设计
构建基础	大量历史典型案例统计分析、预期风险评估、真实背景深层次调研	基于对典型案例和常规风险的认知
构建目的	面向应急准备	主要针对应急响应(侧重协同与处置)
构建角度	全景式、全业务、全过程	侧重灾害的“事中”场景
体量差异	无数常规突发事件情景的时空耦合	灾害态势
支撑预案	预案体系(相关预案组合)	侧重专项预案或操作预案
匹配演练形式	桌面演练，跨层级、跨部门演练(情景构建过程就是由若干桌面演练组成)	常规演练(技能、业务演练)
展现形式	面向各层级(决策领导层、业务处置层、公众响应层)的风险实例化表现与应急处置要点(含视频和文档)	演练背景材料
指导意义	预案体系优化、演练规划设计、对照评估应急能力	明确演练场景、提高演练针对性

2.3　突发事件情景构建基本技术方法

突发事件情景构造从技术路线上大致可划分为三个主要阶段，详见图 2-1。

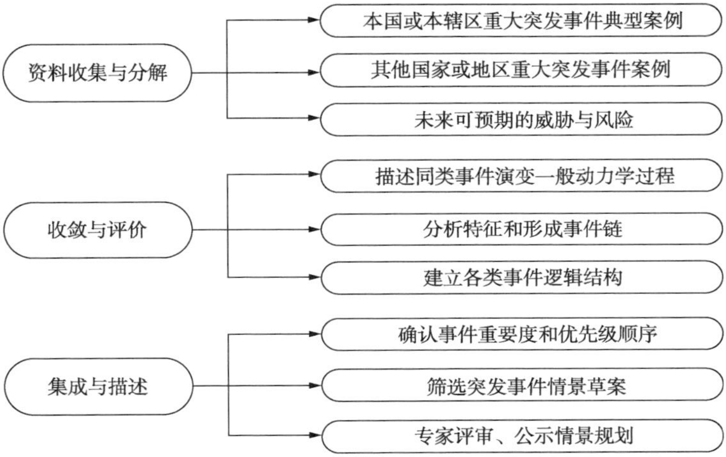

图 2-1 重大突发事件情景构建技术路线图

(1) 第一阶段——资料收集与分解

用于情景构建的资料与信息主要来源于三部分。一是近年来(至少应十年以上)国家或辖区内已发生的各类突发事件典型案例。这些案例要描述和解释事件的原因、经过、后果和采取的应对措施及其经验教训等；二是其他国家或地区类似重大突发事件的相关资讯；三是依据国际、国内和地区经济社会发展形势变化，以及环境、地理、地质、社会和文化等方面出现的新情况和新动向，预期可能产生最具有威胁性的非常规重大突发事件风险，包括来源与类型等。

(2) 第二阶段——以事件为中心的评估与收敛

依靠专业人员和专业技术方法列近乎海量的数据进行聚类和同化，这一阶段应完成三个主要任务：一是按时间序列描述事件发生，发展过程，分析事件演化的主要动力学行为，应特别关注焦点事件的涌现、处置及其效果；二是经过梳理和聚类，从复杂多变的“事件群”中凝练归纳出具有若干特征的要素，并聚结形成事件链，辨识不同事件的同、异性特点；三是建立各类事件的逻辑结构，同时，对未来可能遭遇到的主要风险和威胁做评估与聚类分析。

（3）第三阶段——突发事件情景的集成与描述

在前两个阶段工作基础上，按照事件的破坏强度、影响范围、复杂性和未来出现特殊风险的可能性，建立所有事件情景重要度和优先级的排序，再次对事件情景进行整合与补充，筛选出最少数和共性最优先的若干个突发事件情景。此后，则可依据国家对应急准备战略需求和实际能力现状，提出国家或本地区若干个突发事件情景规划草案，以此为蓝本，通过专家评审和社会公示等形式，广泛征求各方面意见，进一步修改完善，形成重大突发事件情景规划。

在突发事件情景构建的全过程，不但应该有政府官员，科学家和各类专业人员的直接参与，还要注意不断地征求来自社会各界的意见，尤其是注意倾听各类不同的社会反映，使情景能被绝大多数人理解和接受。同时，这一过程还有助于提高公众对重大突发事件风险感知力，尤其引导公众对未来风险(尚未发生事件)的关注。

2.4　突发事件情景的结构与内容

为确保应急准备和应急响应目标的一致性，所有的情景应遵循共同的框架结构，用同样的顺序和层次对情景进行描述。在图 2-2中大概显示了基于三个维度的情景结构与内容。按照逻辑顺序，首先描述情景概要，其次是假设事件可能产生的后果，最后提出应对任务，应对任务是突发事件情景中最核心内容。

按照图 2-2 所显示的结构与内容，可对每个重大事件情景做具体描述和较细致刻画。下文以危险化学品恐怖袭击重大突发事件情景为例，其中又以沙林毒气扩散为代表，对该情景的概要、后果和应对任务等做一个简要示范。

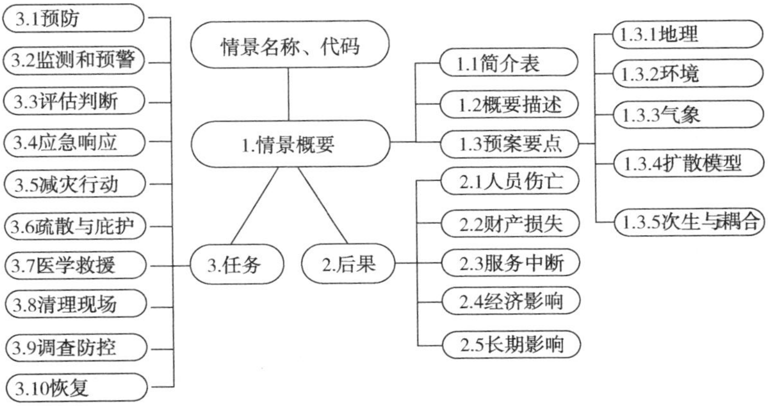

图 2-2 突发事件情景原型结构与内容模拟图

2.5 重大突发事件情景构建的作用

突发事件情景可作为规划应急培训演练依据。重大突发事件情景凝练集成了应急响应的主要活动，可为各类应急培训、演练开发出共同的指导基础。情景中的基本要素为应急演练的规划制定、教材方案编写、活动内容安排、考核方法和评估标准提供了可衡量的依据，使各地区、各部门组织的培训、演练都能达到一致性的目标和要求，逐渐形成具备有效应对复杂、多变、重大突发事件的能力。

2.6 应急演练情景设计

重大突发事件情景凝练集成了应急响应的主要活动，可为应急演练情景设计提供可衡量的依据，对应急演练情景的规划、设计具有一定的指导作用。

在设计危险化学品事故情景时，采用了情景构建的方法进行了精确计算和扩散模型的模拟，如下的情景 1 与情景 2 采用并联结构交叉展开。同时应按照“救人优先”的原则对情景进行合理安排。

情景1： 假设某公司丁辛醇分厂丁辛醇生产装置丙烯吸收塔塔器大孔泄漏(图2-3)，并发生闪火燃烧，造成1名检维修人员中毒倒地，1名外操人员重伤。甲醛/聚甲醛装置中的设备及人员受到不同程度的影响，严重威胁着临近的管廊架、甲醛/聚甲醛装置，由于地震和闪爆的双重影响，导致×××液氨罐区储罐罐底法兰处撕裂，大量液氨泄漏，大量有毒氨气向下风向扩散。丁辛醇装置重大危险源危险化学品情况如图2-4所示。

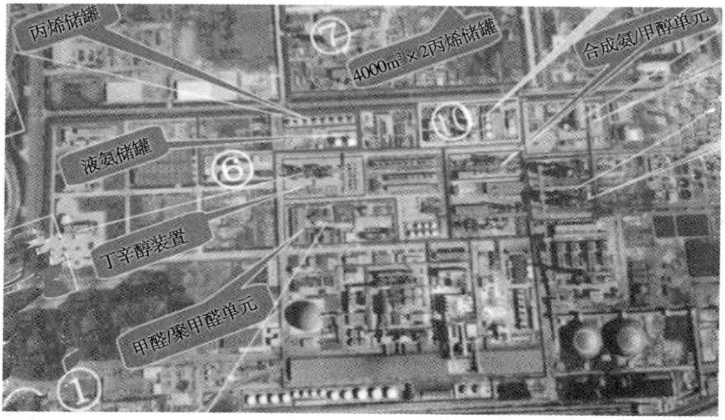

图2-3　丁辛醇装置及其周边设施分布图

图2-4　丁辛醇装置重大危险源危险化学品情况

假设丙烯吸收塔塔器大孔泄漏，并发生闪火燃烧，处置过程中又发生了辛烯醛转化器反应器完全破裂，发生爆炸，造成1名检维修人员中毒倒地，1名外操人员重伤，如图2-5所示。

图2-5 辛烯醛转化器反应器完全破裂蒸气云爆炸图

对丁辛醇分厂丁辛醇装置区假想发生事故采用CASSTQRA软件进行模拟，模拟计算结果见表2-3。

表2-3 丁辛醇装置区假想发生事故计算结果 m

危险源	泄漏模式	灾害模式	死亡半径	重伤半径	轻伤半径
天津某碱厂丁辛醇：丙烯吸收塔	塔器大孔泄漏	闪火(静风，E类)	142	—	—
天津某碱厂丁辛醇：丙烯吸收塔	塔器完全破裂	蒸气云爆炸	44	75	128

根据计算结果，模拟出的丙烯吸收塔塔器大孔泄漏闪火(静风，E 类)死亡区域图如图 2-6 所示。

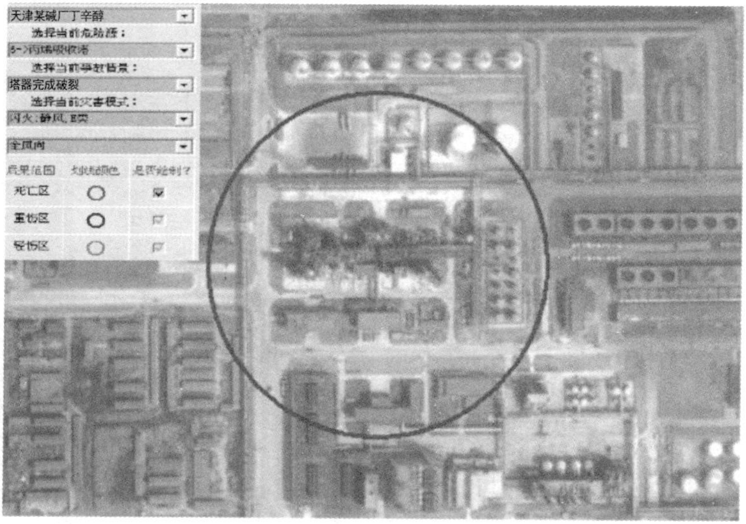

图 2-6　丙烯吸收塔塔器大孔泄漏闪火(静风，E 类)死亡区域图

丁辛醇装置丙烯吸收塔塔器大孔泄漏闪火(静风，E 类)死亡半径 142m，死亡半径内丁辛醇装置将受到不同程度的影响。甲醛/聚甲醛装置中的设备及人员将受到不同程度的影响，严重威胁着临近的管廊架、甲醛/聚甲醛装置和其附近某公司液氨罐区和丙烯罐区的安全。

情景 2：由于地震和丁辛醇装置丙烯吸收塔塔器大孔泄漏闪爆事故震动的双重影响，某公司的液氨储罐区发生大面积泄漏见图 2-7。罐区控制室可燃气报警器报警，确认液氨泄漏后，立即进行工艺处置，疏散相关人员，报告临港管委会，请求通知受影响单位停止生产，疏散人员，请求迅速安排交管局人员警戒受影响路段。

图 2-7　丁辛醇装置北侧管廊架、附近某公司的液氨储罐区和丙烯储罐区

模拟计算条件：

假定在液氨储罐区出口管线发生 80mm 孔径泄漏，在 1.4m/s 和 2.8m/s 的气象条件下，氨泄漏浓度分布俯视图见图 2-8，不同气象条件的特征浓度氨的扩散距离见表 2-4。

表 2-4　氨泄漏的扩散距离

浓度/10^{-6}	距离/m	
	1.4m/s；F	2.8m/s；D
1831	82	79
8000	24	22

场景描述：

上午 10：18~10：21 某公司 2 号丁辛醇装置丙烯吸收塔附近可燃气探测仪 GD180110 点位报警，巡检中发现 2 号丁辛醇装置丙烯吸收塔 T-101 中部人孔法兰处大量物料泄漏(见图 2-9)，处置过程发生闪爆着火(见图 2-10)，有 1 人受伤。

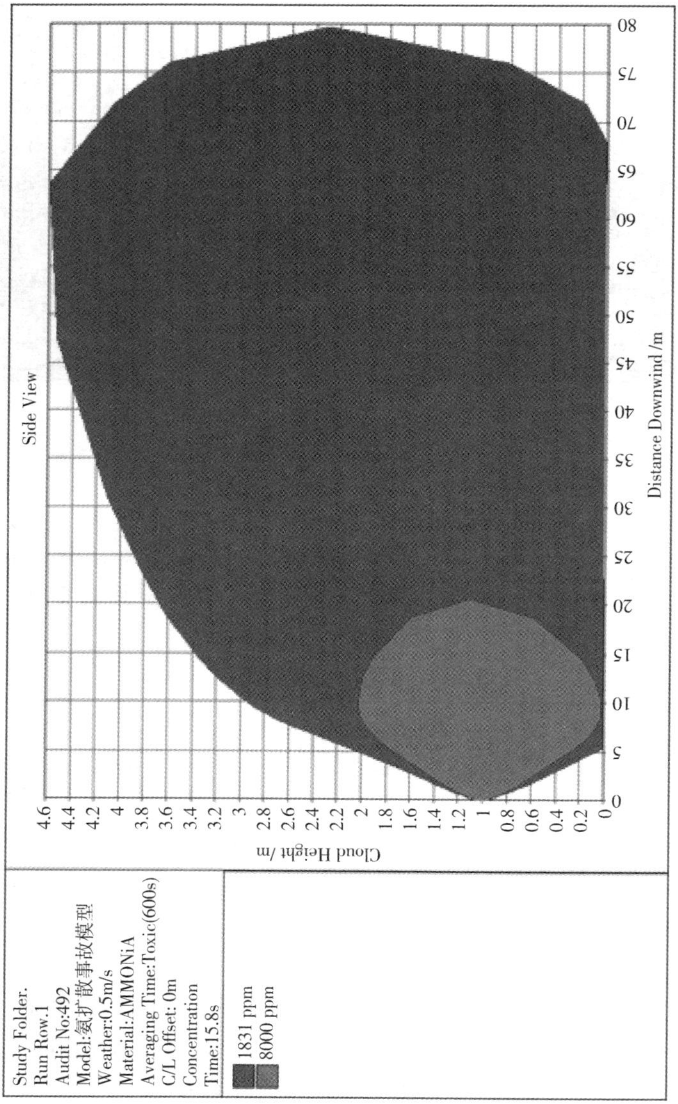

图2-8 氨泄漏最大浓度分布俯视图

图 2-9 丙烯吸收塔 T-101 中部人孔法兰处大量物料泄漏

(a)

(b)

图 2-10 泄漏处置过程中发生闪爆

(c)

(d)

(e)

图 2-10　泄漏处置过程中发生闪爆(续)

2.6.1　储存罐区危险化学品泄漏燃爆事故演练情景

(1) 场景位置

某公司位于厂区东北部的丙烷球罐 1 号罐，见图 2-11。

图 2-11 厂区东北部的丙烷球罐

(2) 场景描述

事故：××丙烷球罐根部阀泄漏燃爆。

某日上午 9：00，某公司位于厂区东北部的丙烷球罐 1 号罐发生根部阀门泄漏事故，三维场景如图 2-12 所示，丙烷液体快速泄漏，现场可燃气体探测仪报警，现场操作人员到达现场初期处置时，发生燃爆，造成此人受伤，并在泄漏处形成喷射火，随时可能危及周边储罐及周围企业，情况非常危急，三维场景如图 2-13 所示。

图 2-12 1 号罐三维场景丙烷球罐根部阀门法兰泄漏事故场景

(a) 泄漏处丙烷被静电引燃

(b) 泄漏丙烷发生燃爆

图 2-13　2 号罐三维场景丙烷气由于静电火花引爆，
丙烷球罐泄漏处形成喷射火

2.6.2　危险化学品交通运输事故演练情景

（1）场景位置

15 路与某道交口。

（2）场景描述

事故：甲醇罐车与工程车辆碰撞泄漏燃爆。

某日，一辆刚从某码头仓储驶出的载有30t甲醇的罐车，在道路交口处与来自某施工现场的工程车相撞[图2-14(a)]，导致罐车罐体开裂，甲醇罐车当场燃爆，车上人员被困。泄漏的甲醇形成流淌火[图2-14(b)]在地面上向四周蔓延，事发地点上方为园区公共管廊，且该车周围有三个雨水井口，情况十分危急，罐车罐体开裂甲醇泄漏并起火，见图2-14(c)。

(a) 违章罐车与工程车相撞

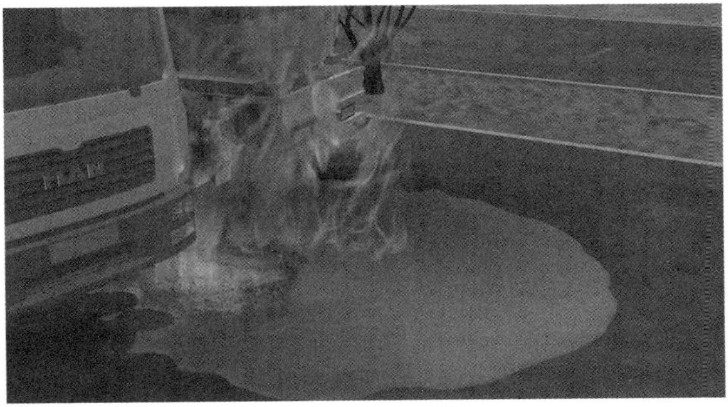

(b) 形成地面流淌火

图2-14 甲醇罐车与工程车碰撞泄漏燃爆事故三维场景

（c）罐车罐体开裂甲醇泄漏并起火

图 2-14　甲醇罐车与工程车碰撞泄漏燃爆事故三维场景(续)

2.6.3　避震疏散演练情景

（1）场景位置

事故地点：某园 1 号楼，见图 2-15。

图 2-15　某园 1 号楼位置附近情况

（2）场景描述

事故：某园 1 号楼由于受地震影响楼层破坏严重，立即组织人员避震疏散。

上午 10：10~10：12 位于某园 1 号楼由于地震楼层破损严重，需要紧急疏散全体人员，撤离到指定地点。受地震影响的楼宇见图 2-16(a)，人员避震见图 2-16(b)。

(a) 受地震影响的楼宇

(b) 人员避震

图 2-16 受地震影响的楼宇与人员三维场景

2.6.4 海上污染事故及人员落水救援事故演练情景

(1) 场景位置

事故地点：某码头，见图 2-17(a)、图 2-17(b)。

(a) 码头泊位

(b) 卸油管线

图 2-17　某码头现场

（2）场景描述

某码头 5 号泊位受地震影响卸油管线法兰错位断裂、大量油品泄漏造成海上污染事故及地震造成人员落水救援事故。

上午 10：15~10：18 受地震影响某 5 号泊位的卸油管线法兰错位断裂[图 2-18(a)]、大量油品泄漏[图 2-18(b)]，造成海上污染。由于受地震影响造成人员落水受伤立即组织救援。

(a) 卸油管线法兰错位断裂

(b) 大量油品泄漏造成海上污染

图 2-18 卸油管线断裂造成海上污染

2.6.5 办公大楼电缆井起火演练情景

(1) 场景位置

事故地点：天津高新区某大厦，见图 2-19。

(2) 场景描述

大楼 5 楼电缆井位置起火[图 2-20(a)]，电缆井附近烟感报警，经初期展开灭火，火势不能得到控制，已经有向其他楼层蔓延的趋势。在疏散中 5 楼 1 名工作人员由于慌乱造成脚伤，5 楼南侧楼有 1 人受伤，见图 2-20(b)。

图 2-19 天津高新区某大厦

(a) 电缆井位置起火

(b) 人员疏散

图 2-20 天津高新区某大厦应急疏散演练

2.6.6 施工现场人员伤害演练情景

（1）场景位置

事故地点：某建筑施工工地，见图 2-21。

图 2-21 某建筑施工工地

（2）场景描述

某建筑施工现场一作业人员自 6m 平台坠落，系挂在防护栏杆上，被吊在半空中。处置过程中，因防护栏杆连接件不牢固，防护栏杆与涉事人员一起坠落，造成人员伤害，事故场景见图 2-22(a)、图 2-22(b)、图 2-22(c)。

由于事故的发展特点具有高度不确定性，有时一起事故可导致连锁事故；有时一处事故刚处置完毕，另一起事故在另一处又突然发生；有时由自然灾害导致同时在多地发生不同类型的事故。为此，情景设计可采用事故情景的“串联结构”和“并联结构”，将单一事故情景串联起来或并联起来或串并联交互使用，构成较为复杂的事故演练情景。

(a)人员坠落

(b)人员吊挂半空

(c)防护栏与人员一起坠落

图 2-22 人员坠落事故场景

3 应急演练

各级安全生产监督管理部门、各类生产经营单位应当采取多种形式开展应急预案的宣传教育，普及生产安全事故避险、自救和互救知识，提高从业人员和社会公众的安全意识与应急处置技能。

各级安全生产监督管理部门应当将本部门应急预案的培训纳入安全生产培训工作计划，并组织实施本行政区域内重点生产经营单位的应急预案培训工作。

生产经营单位应当组织开展本单位的应急预案、应急知识、自救互救和避险逃生技能的培训活动，使有关人员了解应急预案内容，熟悉应急职责、应急处置程序和措施。图 3-1 为应急演练培训现场。

(a)

图 3-1　应急演练培训现场

(b)

(c)

图 3-1　应急演练培训现场(续)

应急培训的时间、地点、内容、师资、参加人员和考核结果等情况应当如实记入本单位的安全生产教育和培训档案。

各级安全生产监督管理部门应当定期组织应急预案演练，提高本部门、本地区生产安全事故应急处置能力。

3.1 应急演练目的

应急演练目的主要包括：

（1）检验预案　发现应急预案中存在的问题，提高应急预案的科学性、实用性和可操作性。

（2）锻炼队伍　熟悉应急预案，提高应急人员在紧急情况下妥善处置事故的能力。

（3）磨合机制　完善应急管理相关部门、单位和人员的工作职责，提高协调配合能力。

（4）宣传教育　普及应急管理知识，提高参演和观摩人员风险防范意识和自救互救能力。

（5）完善准备　完善应急管理和应急处置技术，补充应急装备和物资，提高其适用性和可靠性。

（6）其他需要解决的问题。

3.2 参演人员构成及其功能、职责

为了达到演练的目的，在演练行动中，需要各类参演人员，即应急行动人员、进程控制人员、评价人员、模拟人员、观摩人员等的协调、配合，才能完成预案规定的程序或动作。

参演人员需要对演练进程和关键动作进行记录，才能得出对预案文本和演练行动的评价结论。因此在演练方案中，应明确各参演人员的类别、数量及其职责。

应急行动人员（演习人员）是根据模拟场景和紧急情况作出反应，执行应急预案中预定程序或动作的人员。由预案中规定的现场指挥、现场救援、应急通信、物资支援等各类人员构成。

他们所承担的具体任务包括：救助伤员或被困人员；保护财产和公众安全健康；获取并管理各类应急资源；与其他应急响应

人员协同应对重大事故或紧急事件。

演练进程控制人员管理并设置场景，控制演练行动节奏，监护行动人员的安全，指挥解决现场出现问题，承担现场导演的职责。

在演练中，演练进程控制人员应确保应急预案规定的程序或动作得到充分演示，确保演练活动对于演练人员具有一定的挑战性，通过“演”的手段达到“练”的目的。

演练进程控制人员是关系演练能否成功的关键人员，所以应当由熟悉应急预案、掌握演练方案的人员担任。

评价人员在演练行动中的工作是观察行动人员和模拟人员的行动，并记录演练的详细经过，如：时间、地点、人物、出现的事件、行动是否有效等。

在演练过程中，评价人员不应干涉演练人员执行的具体任务，应根据观察到的现象作出记录，便于在演练效果评价时点评演练过程并出具演练报告。

模拟人员是演练场景中，与应急行动人员相互作用的人员。其主要功能是：模拟事故场景中的人员(负伤者、干扰者等)、外部救援机构的人员、围观人员、自愿行动的志愿者等。模拟人员的设置应当与场景设置相统一，其现场动作越逼真，就越能够检验出应急行动人员现场处置能力的水平。

3.3 演练的形式

- 启蒙与教育会议；
- 桌面演习；
- 走一遍演习；
- 功能演习；
- 疏散演习；
- 全面演习。

3.4 员工演练内容

- 个人的职责；
- 威胁、危害信息和防护措施；
- 通报、警告和通信程序；
- 在紧急情况下如何确定家庭成员所在的位置；
- 应急响应程序；
- 疏散和避难的职责和程序；
- 一般应急设备的位置和使用；
- 应急程序的终止。

3.5 效果评判

在紧急情况下，所有人员应该知道：

- 我应该做什么？
- 我应该向哪里去？

企业应该制定：

- 应急疏散程序并明确线路；
- 在疏散之前终止关键作业或采取必要行动的程序；
- 疏散之后涉及所有员工、来访者和合同方的工作程序；
- 指定员工的救援与医疗责任；
- 报告紧急情况的程序。

3.6 桌面演习

桌面演习是指由应急组织的代表或关键岗位人员参加的，按照应急预案及其标准运作程序，讨论紧急情况时应采取行动的演习活动。桌面演习的主要特点是对演习情景进行口头演习，一般是在会议室内举行非正式的活动如图 3-2 所示。主要作用是在没有时间压力的情况下，演习人员在检查和解决应急预案中问题的同时，获得一些建设性的讨论结果。主要目的是在友好、较小压力的情况下，锻炼演习人员解决问题的能力，以及解决应急组织相互协作和职责划分的问题。

图 3-2　桌面演习

桌面演习只需展示有限的应急响应和内部协调活动，应急响应人员主要来自本地应急组织，事后一般采取口头评论形式收集演习人员的建议，并提交一份简短的书面报告，总结演习活动和提出有关改进应急响应工作的建议。桌面演习方法成本较低，主要为功能演习和全面演习做准备。

3.6.1　桌面演练的准备

（1）成立桌面演练工作组

组织一次桌面演练，需要提前一段时间（1～3 个月）成立演练工作组，负责演练的组织工作。

桌面演练工作组的构成可以适当简化，除了组长之外，一般可以分为两个小组。一是计划组，负责演练计划的制定、演练方案的设计，图表、演示文档等的材料的准备工作。二是后勤组，负责演练准备与实施过程中所需物资的购置，演练中所需模型、道具的制作、调试和维护以及必要的协调工作。

(2) 制定桌面演练计划

① 演练的目的、意义、要达到的预期效果。

② 演练的具体时间安排。

③ 演练的确切地点。

④ 演练内容的概述。

⑤ 演练的机构、组织与人员。

⑥ 演练的保障措施。

⑦ 演练准备工作的日程安排。

⑧ 演练的评估与总结。

(3) 设计桌面演练方案

① 演练目的。说明为什么要举行本次桌面演练，通过本次桌面演练希望达到什么样的预期目的。

② 演练情景的介绍。桌面演练要有假设的突发公共事件发生，方案要对该事件作详细、具体的介绍。

③ 演练场地布置方案。桌面演练一般是在会议室举行。要事先安排好人员座位，准备必要的辅助设备，如：投影仪、计算机、地图(纸质或电子地图)、模型道具等。

④ 演练开始的时间。方案中要有演练开始的具体时间。

⑤ 演练的具体地点。方案中要明确举行演练的详细地址。

⑥ 演练组织人员。桌面演练的组成人员主要是各应急组织的指挥与协调人员，也可以包括一些其他人员。方案中要有参加人员的姓名及分工情况。

⑦ 演练的具体内容与时间安排。包括：需要讨论的所有问题，讨论的要点，时间限额，辅助材料等。

⑧ 后勤保障。方案要明确列出演练实施所需要的物资和技术保障项目。

（4）其他准备

① 设备和材料的准备。包括应急预案和演练方案文本、各种信息卡、记录表、评估表、文具、通信设备、投影设备、模拟图形和器材、计算机和包含演练内容的软件等。

② 演练场地的准备。一间可容纳所有参演人员的会议室，最好还有几间可以进行通信联络的小房间；按照演练方案要求进行桌椅的摆放、演练设备或材料的布置等。

3.6.2 桌面演练的实施

桌面演练一般由一位主持人(演练控制人员)负责整个演练实施的过程。

（1）演练动员

开始实施桌面演练前，可先用一段时间进行演练动员，简要介绍演练注意事项，使参演人员熟悉情况。这时，可向参演人员提供演练人员手册(如果有的话)。

（2）演练开始

演练主持人通过叙述演练情景，并辅之以演示材料(地图、图片、视频、软件模拟、沙盘等)，把演练人员带入虚构的事件场景。

然后由演练主持人把第一个问题提出给演练人员，桌面演练进入执行阶段。

（3）演练执行

在桌面演练中，活动的展开主要是围绕着对所提出问题进行讨论。

演练主持人一般以口头或书面信息的形式，一次引入一个或若干个问题。演练人员根据应急预案或有关规定，讨论针对要处理的问题所应采取的行动。行动可以是口头叙述，或者是在图上标注，或者使用道具模拟。

演练讨论的两种方法：

第一种方法是，全体演练人员一起对同一个信息进行讨论，并根据讨论结果确定他们的行动或决定；然后传送下一个信息，进行下一轮讨论。

第二种方法是，每个演练人员得到专为其所代表的机构准备的信息，并且独立做出决定；一个信息处理完后再处理另一个信息；演练人员被置于独处状态，由其独立根据所获得的信息，或与其他人员协调后做出决定。

（4）演练终止

桌面演练的各项演练问题全部结束后，由演练主持人宣布演练结束。

有时在桌面演练中，也可能有某些问题会在演练人员之间引起冲突，当局面不好控制或后续讨论无法进行时，演练主持人应及时暂停或中止演练。

3.7 功能演习

功能演习是指针对某项应急响应功能或其中某些应急响应活动举行的演习活动。功能演习一般在应急指挥中心举行，并可同时开展现场演习，调用有限的应急设备，主要目的是针对应急响应功能，检验应急响应人员以及应急管理体系的策划和响应能力。例如：指挥和控制功能的演习，目的是检测、评价多个政府部门在一定压力情况下集权式的应急运行和及时响应能力，演习地点主要集中在若干个应急指挥中心或现场指挥所举行，并开展有限的现场活动，调用有限的外部资源。外部资源的调用范围和规模应能满足响应模拟紧急情况时的指挥和控制要求。

功能演习比桌面演习规模要大，需动员更多的应急响应人员和组织。必要时，还可要求国家级应急响应机构参与演习过程，为演习方案设计、协调和评估工作提供技术支持，因而协调工作的难度也随着更多应急响应组织的参与而增大。功能演习所需的评估人员一般为4~12人，具体数量依据演习地点、社区规模、现有资源和演习功能的数量而定。演习完成后，除采取口头评论形式外，还应向地方提交有关演习活动的书面汇报，提出改进建议。

分为单项演练和组合演练。目的是为了熟练和检验某些基本操作或完成某些特定任务所需的技术和实战能力。

单项演练：通信联络、通知、报告程序；资源调配，人员、装备及物资器材(装车)到位；化学监测与侦察；现场警戒；人群疏散；医疗救护；洗消去污；消防行动；公共信息传播等。

组织演练：可将具有较紧密联系的多个应急功能或任务组织在一起进行演练，以加强各应急救援组织之间的配合和协调性。如：化学监测、侦察与消毒去污之间的配合；警报、紧急公告、公众疏散与医疗、药品发放；扑灭火灾、堵漏、工艺处理的相互配合等。

3.8 全面演习

指针对应急预案中全部或大部分应急响应功能，检验、评价应急组织应急运行能力的演习活动。全面演习一般要求持续几个小时，采取交互式进行，演习过程要求尽量真实，调用更多的应急响应人员和资源，并开展人员、设备及其他资源的实战性演习，以展示相互协调的应急响应能力。

特点：

(1) 全面演练一般要求持续几个小时；

(2) 采取交互式的方式进行；

(3) 演练过程要求尽量真实；

(4) 调用更多的应急人员和资源；

(5) 实战性演练；

(6) 检验相互协调的总体反应和应急能力。

与功能演习类似，全面演习也少不了负责应急运行、协调和政策拟订人员的参与，以及国家级应急组织人员在演习方案设计、协调和评估工作中提供的技术支持。但全面演习过程中，这些人员或组织的演示范围要比功能演习更广，全面演练的部分特点如图 3-3 所示。

(a) 像真实事故一样

(b) 参与部门多

(c) 使用道具齐全

图 3-3 全面演练的部分特点

三种演练循环往复，互为补充。

3.9 应急预案演练计划

生产经营单位应当制定本单位的应急预案演练计划，根据本单位的事故风险特点，每年至少组织一次综合应急预案演练或者专项应急预案演练，每半年至少组织一次现场处置方案演练。

实例：×××基层单位应急预案演练计划

预案名称	
演练类别	□综合演练 □单项演练 □实战演练 □桌面演练
预计演练时间	20 年 月 日 演练用时： 时
演练地点	
演练条件	时节：□春 □夏 □秋 □冬 天气：□晴 □阴 □雨 气温： 其他条件：
组织单位	
参加单位	
演练过程描述	
演练指挥	总指挥： 职务： 总策划： 职务： 联系方式： 联系人： 职务： 联系方式：
说明	1. 此表每张填写一次演练内容，多次演练应附页。 2. 此表由演练组织单位填写并每页盖章。 3. 根据演练情况，选择表内适合的项目，在□中打√。 4. 此表下载后微机填写，表内空格不够填写时，可编辑拉长增页。 此表由各县(市)区安委会、各负有安全生产管理职责的市直有关部门填写后报市政府安委会办公室。

批准人： 批准时间：

各单位应制定年度应急演练计划，按照“先单项后综合、先桌面后现场、循序渐进、时空有序”等原则，合理安排演练计划。演练计划应包括演练目的、类型(形式)、时间、地点、演练主要内容、参加单位和经费预算等。

演练依据：应急演练应以相关应急预案为基础，体现和执行应急预案所有环节，确保达到检验预案、锻炼队伍、磨合机制、提高应急处置能力的目的。

3.10　应急演练的准备与实施

3.10.1　成立演练组织机构

综合演练通常成立演练领导小组，下设策划组、执行组、保障组、评估组等专业工作组。根据演练规模大小，其组织机构可进行调整。

(1) 领导小组

负责演练活动筹备和实施过程中的组织领导工作，具体负责审定演练工作方案、演练工作经费、演练评估总结以及其他需要决定的重要事项等。

(2) 策划组

负责编制演练工作方案、演练脚本、演练安全保障方案或应急预案、宣传报道材料、工作总结和改进计划等。

(3) 执行组

负责演练活动筹备及实施过程中与相关单位、工作组的联络和协调、事故情景布置、参演人员调度和演练进程控制等。

(4) 保障组

负责演练活动工作经费和后勤服务保障，确保演练安全保障方案或应急预案落实到位。

（5）评估组

负责审定演练安全保障方案或应急预案，编制演练评估方案并实施，进行演练现场点评和总结评估，撰写演练评估报告。

3.10.2 编制演练文件

（1）演练工作方案

演练工作方案内容主要包括：

- 应急演练目的及要求；
- 应急演练事故情景设计；
- 应急演练规模及时间；
- 参演单位和人员主要任务及职责；
- 应急演练筹备工作内容；
- 应急演练主要步骤；
- 应急演练技术支撑及保障条件；
- 应急演练评估与总结。

（2）编制演练脚本

根据需要，可编制演练脚本。演练脚本是应急演练工作方案具体操作实施的文件，帮助参演人员全面掌握演练进程和内容。演练脚本一般采用表格形式，主要内容包括：

- 演练模拟事故情景；
- 处置行动与执行人员；
- 指令与对白、步骤及时间安排；
- 视频背景与字幕；
- 演练解说词等。

（3）编制演练评估方案

演练评估方案通常包括：

- 演练信息：应急演练目的和目标、情景描述，应急行动与应对措施简介等；

- 评估内容：应急演练准备、应急演练组织与实施、应急演练效果等；
- 评估标准：应急演练各环节应达到的目标评判标准；
- 评估程序：演练评估工作主要步骤及任务分工；
- 附件：演练评估所需要用到的相关表格等。

（4）演练保障方案

针对应急演练活动可能发生的意外情况制定演练保障方案或应急预案，并进行演练，做到相关人员应知应会，熟练掌握。演练保障方案应包括应急演练可能发生的意外情况、应急处置措施及责任部门，应急演练意外情况中止条件与程序等。

（5）演练观摩手册

根据演练规模和观摩需要，可编制演练观摩手册。演练观摩手册通常包括应急演练时间、地点、情景描述、主要环节及演练内容、安全注意事项等。

3.10.3 演练工作保障

（1）人员保障

按照演练方案和有关要求，策划、执行、保障、评估、参演等人员参加演练活动，必要时考虑替补人员。

（2）经费保障

根据演练工作需要，明确演练工作经费及承担单位。

（3）物资和器材保障

根据演练工作需要，明确各参演单位所准备的演练物资和器材等。

（4）场地保障

根据演练方式和内容，选择合适的演练场地。演练场地应满足演练活动需要，避免影响企业和公众正常生产、生活。

（5）安全保障

根据演练工作需要，采取必要安全防护措施，确保参演、观摩等人员以及生产运行系统安全。

（6）通信保障

根据演练工作需要，采用多种公用或专用通信系统，保证演练通信信息通畅。

（7）其他保障

根据演练工作需要，提供的其他保障措施。

3.10.4　应急演练的实施

（1）熟悉演练任务和角色

组织各参演单位和参演人员熟悉各自参演任务和角色，并按照演练方案要求组织开展相应的演练准备工作。

（2）组织预演

在综合应急演练前，演练组织单位或策划人员可按照演练方案或脚本组织桌面演练或合成预演，熟悉演练实施过程的各个环节，见图 3-4。演练程序见图 3-5。

1：应急动员	10：应急响应人员安全
2：指挥和控制	11：交通管制
3：事态评估	12：人员登记、隔离与去污
4：资源管理	13：人员安置
5：通信	14：紧急医疗服务
6：应急设施、装备与显示装置	15：24 小时不间断应急
7：警报与紧急公告	16：增援（国家、省及其他地区）
8：公共信息	17：事故控制与现场恢复
9：公众保护措施	18：文件化与调整

图 3-4　演练实施过程各个环节

（3）安全检查

确认演练所需的工具、设备、设施、技术资料以及参演人员到位。对应急演练安全保障方案以及设备、设施进行检查确认，确保安全保障方案可行，所有设备、设施完好。

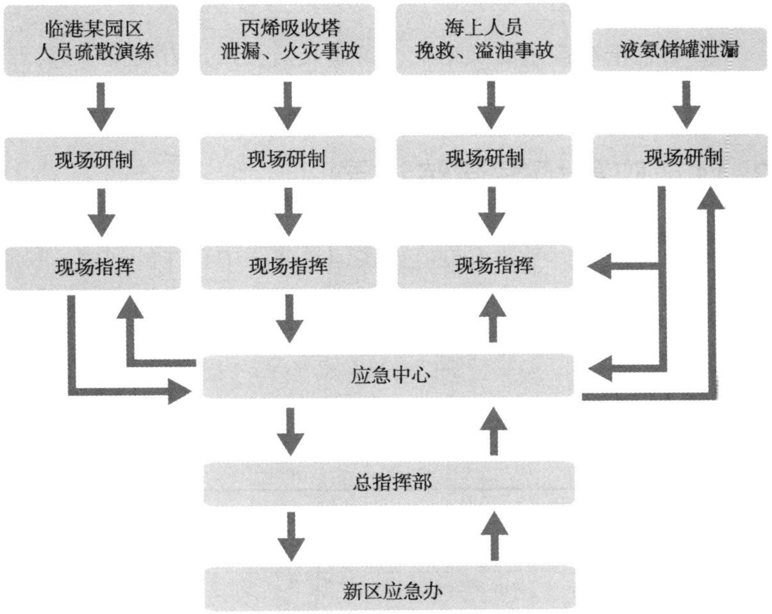

图 3-5　演练程序

（4）应急演练

应急演练总指挥下达演练开始指令后，参演单位和人员按照设定的事故情景，实施相应的应急响应行动，直至完成全部演练工作。演练实施过程中出现特殊或意外情况，演练总指挥可决定中止演练。

（5）演练记录

演练实施过程中，安排专门人员采用文字、照片和音像等手段记录演练过程。

（6）评估准备

演练评估人员根据演练事故情景设计以及具体分工，在演练现场实施过程中展开演练评估工作，记录演练中发现的问题或不足，收集演练评估需要的各种信息和资料。

（7）演练结束

演练总指挥宣布演练结束，参演人员按预定方案集中进行现场讲评或者有序疏散。

3.11 应急预案演练记录

演练过程中，考评人员应如实记录演练中存在的问题，科学地评价演练。对于基层单位，特别是一线从业人员而言，该记录表可以变更为考核表或总结表，用以代替演练评估报告和演练总结。样例如下：

×××公司关键装置要害（重点）部位应急预案演练记录表

装置名称：

演练时间	
演练地点	
演练预案名称	
演　练　总　结	
演练问题： 改进措施： 应急预案不符合项及修订建议：	

优	打√选择	在方案基础上超水平发挥，及时准确到位，更贴近实战
良	打√选择	方案完整，演练到位
中	打√选择	方案基本完整，演练基本到位
差	打√选择	方案不完整或演练不到位
考核人员签字		

4 应急演练评估与总结

4.1 应急演练评估

4.1.1 评估组

（1）构成

评估组由应急管理方面专家和相关领域专业技术人员或相关方代表组成，规模较大、演练情景和参演人员较多或实施程序复杂的演练，可设多级评估，并确定总体负责人及各小组负责人。

（2）职责

负责对演练准备、组织与实施等进行全过程、全方位地跟踪评估。演练结束后，及时向演练单位或演练领导小组及其他相关专业工作组提出评估意见、建议，并撰写演练评估报告。

4.1.2 选择评估方式和方法

演练评估主要是通过对演练活动或参演人员的表现进行的观察、提问、听对方陈述、检查、比对、验证、实测而获取客观证据，比较演练实际效果与目标之间的差异，总结演练中好的做法，查找存在的问题。

演练评估应以演练目标为基础，每项演练目标都要设计合理的评估项目方法、标准。根据演练目标的不同，可以用选择项(如：是/否判断，多项选择)、评分(如：0—缺项、1—较差、3——般、5—优秀)、定量测量(如：响应时间、被困人数、获救人数)等方法进行评估。

4.1.3 编写评估方案和评估标准

(1) 编写评估方案

内容通常包括：

- 概述：演练模拟的事故名称、发生的时间和地点、事故过程的情景描述、主要应急行动等；
- 目的：阐述演练评估的主要目的；
- 内容：演练准备和实施情况的评估内容；
- 信息获取：主要说明如何获取演练评估所需的各种信息；
- 工作组织实施：演练评估工作的组织实施过程和具体工作安排；
- 附件：演练评估所需的相关表格等。

注：该部分内容引自 AQ/T 9007。

(2) 制定评估标准

演练评估组召集有关方面和人员，根据演练总体目标和各参演机构的目标，以及具体演练情景事件、演练流程和保障方案，明确演练评估内容及要求。演练评估参照本标准附录事先制定好演练评估表格，包括演练目标、评估方法、评估标准和相关记录项等。

4.1.4 培训评估人员

演练评估人员应听取演练组织或策划人员介绍演练方案以及组织和实施流程，并可进行交互式讨论，进一步明晰演练流程和内容。同时，评估组内部应围绕以下内容开展内部专题培训：

(1) 演练组织和实施的相关文件；

(2) 演练评估方案；

(3) 演练单位的应急预案和相关管理文件；

(4) 熟悉演练场地，了解有关参演部门和人员的基本情况、相关演练设施，掌握相关技术处置标准和方法；

(5) 其他有关内容。

4.1.5 准备评估材料、器材

根据演练需要，准备评估工作所需的相关材料、器材，主要包括：演练评估方案文本、评估表格、记录表、文具、通信设备、计时设备、摄像或录音设备、计算机或相关评估软件等。

4.1.6 演练评估实施

（1）评估人员就位

根据演练评估方案安排，评估人员提前就位，做好演练评估准备工作。

（2）观察记录和收集数据、信息和资料

演练开始后，演练评估人员通过观察、记录和收集演练信息和相关数据、信息和资料，观察演练实施及进展、参演人员表现等情况，及时记录演练过程中出现的问题。在不影响演练进程的情况下，评估人员可进行现场提问并做好记录。

（3）演练评估

根据演练现场观察和记录，依据制定的评估表，逐项对演练内容进行评估，及时记录评估结果。

（4）实战演练准备情况评估

实战演练准备情况的评估可从演练策划与设计、演练文件编制、演练保障3个方面进行，具体评估内容参见表4-1。

表4-1 实战演练准备情况评估表

评估项目	评估内容
1. 演练策划与设计	1.1 目标明确且具有针对性，符合本单位实际； 1.2 演练目标简明、合理、具体、可量化和可实现； 1.3 演练目标应明确“由谁在什么条件下完成什么任务，依据什么标准，取得什么效果”； 1.4 演练目标设置是从提高参演人员的应急能力角度考虑；

续表

评估项目	评估内容
1. 演练策划与设计	1.5 设计的演练情景符合演练单位实际情况，且有利于促进实现演练目标和提高参演人员应急能力； 1.6 考虑到演练现场及可能对周边社会秩序造成的影响； 1.7 演练情景内容包括了情景概要、事件后果、背景信息、演化过程等要素，要素较为全面； 1.8 演练情景中的各事件之间的演化衔接关系科学、合理，各事件有确定的发生与持续时间； 1.9 确定了各参演单位和角色在各场景中的期望行动以及期望行动之间的衔接关系； 1.10 确定所需注入的信息及其注入形式
2. 演练文件编制	2.1 制定了演练工作方案、安全及各类保障方案、宣传方案； 2.2 根据演练需要编制了演练脚本或演练观摩手册； 2.3 各单项文件中要素齐全、内容合理，符合演练规范要求； 2.4 文字通顺、语言精练、通俗易懂； 2.5 内容格式规范，各项附件项目齐全、编排顺序合理； 2.6 演练工作方案经过评审或报批； 2.7 演练保障方案印发到演练的各保障部门； 2.8 演练宣传方案考虑到演练前、中、后各环节宣传需要； 2.9 编制的观摩手册中各项要素齐全、并有安全告知
3. 演练保障	3.1 人员的分工明确，职责清晰，数量满足演练要求； 3.2 演练经费充足，保障充分； 3.3 器材使用管理科学、规范，满足演练需要； 3.4 场地选择符合演练策划情景设置要求，现场条件满足演练要求； 3.5 演练活动安全保障条件准备到位并满足要求； 3.6 充分考虑演练实施中可能面临的各种风险，制定必要的应急预案或采取有效控制措施； 3.7 参演人员能够确保自身安全； 3.8 采用多种通信保障措施，有备份通信手段； 3.9 对各项演练保障条件进行了检查确认

（5）实施情况评估

实战演练准备情况的评估可从预警与信息报告、紧急动员、事故监测与研判、指挥和协调、事故处置、应急资源管理、应急通信、信息公开、人员保护、警戒与管制、医疗救护、现场控制及恢复和其他 13 个方面进行，具体评估内容参见表 4-2。

表 4-2 实战演练实施情况评估表

评估项目	评估内容
1. 预警与信息报告	1.1 演练单位能够根据监测监控系统数据变化状况、事故险情紧急程度和发展势态或有关部门提供的预警信息进行预警； 1.2 演练单位有明确的预警条件、方式和方法； 1.3 对有关部门提供的信息、现场人员发现险情或隐患进行及时预警； 1.4 预警方式、方法和预警结果在演练中表现有效； 1.5 演练单位内部信息通报系统能够及时投入使用，能够及时向有关部门和人员报告事故信息； 1.6 演练中事故信息报告程序规范，符合应急预案要求； 1.7 在规定时间内能够完成向上级主管部门和地方人民政府报告事故信息程序，并持续更新； 1.8 能够快速向本单位以外的有关部门或单位、周边群众通报事故信息
2. 紧急动员	2.1 演练单位能够依据应急预案快速确定事故的严重程度及等级； 2.2 演练单位能够根据事故级别，启动相应的应急响应，采用有效的工作程序，警告、通知和动员相应范围内人员； 2.3 演练单位能够通过总指挥或总指挥授权人员及时启动应急响应； 2.4 演练单位应急响应迅速，动员效果较好； 2.5 演练单位能够适应事先不通知突袭抽查式的应急演练； 2.6 非工作时间以及至少有一名单位主要领导不在应急岗位的情况下能够完成本单位的紧急动员

续表

评估项目	评估内容
3. 事故监测与研判	3.1　演练单位在接到事故报告后，能够及时开展事故早期评估，获取事件的准确信息； 3.2　演练单位及相关单位能够持续跟踪、监测事故全过程； 3.3　事故监测人员能够科学评估其潜在危害性； 3.4　能够及时报告事态评估信息
4. 指挥和协调	4.1　现场指挥部能够及时成立，并确保其安全高效运转； 4.2　指挥人员能够指挥和控制其职责范围内所有的参与单位及部门、救援队伍和救援人员的应急响应行动； 4.3　应急指挥人员表现出较强指挥协调能力，能够对救援工作全局有效掌控； 4.4　指挥部各位成员能够在较短或规定时间内到位，分工明确并各负其责； 4.5　现场指挥部能够及时提出有针对性的事故应急处置措施或制定切实可行的现场处置预案并报总指挥部批准； 4.6　指挥部重要岗位有后备人选，并能够根据演练活动的进行合理轮换； 4.7　现场指挥部制定的救援方案科学可行，调集了足够的应急救援资源和装备(包括专业救援人员和相关装备)； 4.8　现场指挥部与当地政府或本单位指挥中心信息畅通，并实现信息持续更新和共享； 4.9　应急指挥决策程序科学，内容有预见性、科学可行； 4.10　指挥部能够对事故现场有效传达指令，进行有效管控； 4.11　应急指挥中心能够及时启用，各项功能正常、满足使用
5. 事故处置	5.1　参演人员能够按照处置方案规定或在指定的时间内迅速达到现场开展救援； 5.2　参演人员能够对事故先期状况做出正确判断，采取的先期处置措施科学、合理，处置结果有效； 5.3　现场参演人员职责清晰、分工合理；

续表

评估项目	评估内容
5. 事故处置	5.4 应急处置程序正确、规范，处置措施执行到位； 5.5 参演人员之间有效联络，沟通顺畅有效，并能够有序配合，协同救援； 5.6 事故现场处置过程中，参演人员能够对现场实施持续安全监测或监控； 5.7 事故处置过程中采取了措施防止次生或衍生事故发生； 5.8 针对事故现场采取必要的安全措施，确保救援人员安全
6. 应急资源管理	6.1 根据事态评估结果，能够识别和确定应急行动所需的各类资源，同时根据需要联系资源供应方； 6.2 参演人员能够快速、科学使用外部提供的应急资源并投入应急救援行动； 6.3 应急设施、设备、器材等数量和性能能够满足现场应急需要； 6.4 应急资源的管理和使用规范有序，不存在浪费情况
7. 应急通信	7.1 通信网络系统正常运转，通讯能力能够满足应急响应的需求； 7.2 应急队伍能够建立多途径的通信系统，确保通讯畅通； 7.3 有专职人员负责通信设备的管理； 7.4 应急通信效果良好，演练各方通信信息顺畅
8. 信息公开	8.1 明确事故信息发布部门、发布原则，事故信息能够由现场指挥部及时准确向新闻媒体通报； 8.2 指定了专门负责公共关系的人员，主动协调媒体关系； 8.3 能够主动就事故情况在内部进行告知，并及时通知相关方(股东/家属/周边居民等)； 8.4 能够对事件舆情持续监测和研判，并对涉及的公共信息妥善处置

续表

评估项目	评估内容
9. 人员保护	9.1 演练单位能够综合考虑各种因素并协调有关方面确保各方人员安全； 9.2 应急救援人员配备适当的个体防护装备，或采取了必要自我安全防护措施； 9.3 有受到或可能受到事故波及或影响的人员的安全保护方案； 9.4 针对事件影响范围内的特殊人群，能够采取适当方式发出警告并采取安全防护措施
10. 警戒与管制	10.1 关键应急场所的人员进出通道受到有效管制； 10.2 合理设置了交通管制点，划定管制区域； 10.3 各种警戒与管制标志、标识设置明显，警戒措施完善； 10.4 有效控制出入口，清除道路上的障碍物，保证道路畅通
11. 医疗救护	11.1 应急响应人员对受伤害人员采取有效先期急救，急救药品、器材配备有效； 11.2 及时与场外医疗救护资源建立联系求得支援，确保伤员及时得到救治； 11.3 现场医疗人员能够对伤病人员伤情作出正确诊断，并按照既定的医疗程序对伤病人员进行处置； 11.4 现场急救车辆能够及时准确地将伤员送往医院，并带齐伤员有关资料
12. 现场控制及恢复	12.1 针对事故可能造成的人员安全健康与环境、设备与设施方面的潜在危害，以及为降低事故影响而制定的技术对策和措施有效； 12.2 事故现场产生的污染物或有毒有害物质能够及时、有效处置，并确保没有造成二次污染或危害； 12.3 能够有效安置疏散人员，清点人数，划定安全区域并提供基本生活等后勤保障； 12.4 现场保障条件满足事故处置、控制和恢复的基本需要

续表

评估项目	评估内容
13. 其他	13.1 演练情景设计合理，满足演练要求； 13.2 演练达到了预期目标； 13.3 参演的组成机构或人员职责能够与应急预案相符合； 13.4 参演人员能够按时就位、正确并熟练使用应急器材； 13.5 参演人员能够以认真态度融入到整体演练活动中，并及时、有效地完成演练中应承担的角色工作内容； 13.6 应急响应的解除程序符合实际并与应急预案中规定的内容相一致； 13.7 应急预案得到了充分验证和检验，并发现了不足之处； 13.8 参演人员的能力也得到了充分检验和锻炼

（6）桌面演练的评估可从演练策划与准备、演练实施两个方面进行，具体评估内容参见表4-3。

桌面演练结束后应立即进行演练讲评。首先采取口头或书面方式征求演练人员对演练组织、演练内容及应急预案等方面的意见；其次由演练主持人或评估人员对演练过程进行讲评。

桌面演练的讲评的重点主要是演练方案的设计、演练人员熟悉应急预案的程度、演练人员的反应与决策情况、演练人员的相互配合与沟通的默契程度等。

表4-3 桌面演练评估表

评估项目	评估内容
1. 演练策划与准备	1.1 目标明确且具有针对性，符合本单位实际； 1.2 演练目标简单、合理、具体、可量化和可实现； 1.3 设计的演练情景符合参演人员需要，且有利于促进实现演练目标和提高参与人员应急能力； 1.4 演练情景内容包括了情景概要、事件后果、背景信息、演化过程等要素，要素较为全面；

续表

评估项目	评估内容
1. 演练策划与准备	1.5 演练情景中的各事件之间的演化衔接关系设置科学、合理，各事件有确定的发生与持续时间； 1.6 确定了各参演单位和角色在各场景中的期望行动以及期望行动之间的衔接关系； 1.7 确定所需注入的信息及其注入形式； 1.8 制定了演练工作方案，明确了参演人员的角色和分工； 1.9 演练活动保障人员数量和工作能力满足桌面演练需要； 1.10 演练现场布置、各种器材、设备等硬件条件满足桌面演练需要
2. 演练实施	2.1 演练背景、进程以及参演人员角色分工等解说清晰正确； 2.2 根据事态发展，分级响应迅速、准确； 2.3 模拟指挥人员能够表现出较强指挥协调能力，演练过程中各项协调工作全局有效掌控； 2.4 按照模拟真实发生的事件表述应急处置方法和内容； 2.5 通过多媒体文件、沙盘、信息条等多种形式向参演人员展示应急演练场景，满足演练要求； 2.6 参演人员能够准确接收并正确理解演练注入的信息； 2.7 参演人员根据演练提供的信息和情况能够做出正确的判断和决策； 2.8 参演人员能够主动搜集和分析演练中需要的各种信息； 2.9 参演人员制定的救援方案科学可行，符合给出实际事故情况处置要求； 2.10 参演人员应急过程中的决策程序科学，内容有预见性、科学可行； 2.11 参演人员能够依据给出的演练情景快速确定事故的严重程度及等级； 2.12 参演人员能够根据事故级别，确定启动的应急响应级别，并能够熟悉应急动员的方法和程序； 2.13 参演人员能够熟悉事故信息的接报程序、方法和内容

续表

评估项目	评估内容
2. 演练实施	2.14 参演人员熟悉各自应急职责，并能够较好配合其他小组或人员开展工作； 2.15 参与演练各小组负责人能够根据各位成员意见提出本小组的统一决策意见； 2.16 参演人员对决策意见的表达思路清晰、内容全面； 2.17 参演人员做出的各项决策、行动符合角色身份要求； 2.18 参演人员能够与本应急小组人员共享相关应急信息； 2.19 应急演练能够全身心地参与到整个演练活动中； 2.20 演练的各项预定目标都得以顺利实现

4.1.7 演练评估总结

（1）演练点评

演练结束后，可选派有关代表(演练组织人员、参演人员、评估人员或相关方人员)对演练中发现的问题及取得的成效进行现场点评。

（2）参演人员自评

演练结束后，演练单位应组织各参演小组或参演人员进行自评，总结演练中的优点和不足，介绍演练收获及体会。演练评估人员应参加参演人员自评会并做好记录。

（3）评估组评估

参演人员自评结束后，演练评估组负责人应组织召开专题评估工作会议，综合评估意见。评估人员应根据演练情况和演练评估记录发表建议并交换意见，分析相关信息资料，明确存在问题并提出整改要求和措施等。

4.1.8 编制演练评估报告

（1）报告编写要求

演练现场评估工作结束后，评估组针对收集的各种信息资料，依据评估标准和相关文件资料对演练活动全过程进行科学分析和客观评价，并撰写演练评估报告，评估报告应向所有参演人员公示。

(2) 报告主要内容

内容通常包括：

- 演练基本情况：演练的组织及承办单位、演练形式、演练模拟的事故名称、发生的时间和地点、事故过程的情景描述、主要应急行动等；
- 演练评估过程：演练评估工作的组织实施过程和主要工作安排；
- 演练情况分析：依据演练评估表格的评估结果，从演练的准备及组织实施情况、参演人员表现等方面具体分析好的做法和存在的问题以及演练目标的实现、演练成本效益分析等；
- 改进的意见和建议：对演练评估中发现的问题提出整改的意见和建议；
- 评估结论：对演练组织实施情况的综合评价，并给出优(无差错地完成了所有应急演练内容)、良(达到了预期的演练目标，差错较少)、中(存在明显缺陷，但没有影响实现预期的演练目标)、差(出现了重大错误，演练预期目标受到严重影响，演练被迫中止，造成应急行动延误或资源浪费)等评估结论。

4.1.9 整改落实

演练组织单位应根据评估报告中提出的问题和不足，制定整改计划，明确整改目标，制定整改措施，并跟踪督促整改落实，直到问题解决为止。同时，总结分析存在问题和不足的原因。

4.2 应急演练总结

演练结束后，由演练组织单位根据演练记录、演练评估报告、应急预案、现场总结等材料，对演练进行全面总结，并形成演练书面总结报告。报告可对应急演练准备、策划等工作进行简要总结分析。参与单位也可对本单位的演练情况进行总结。演练总结报告的内容主要包括：

- 演练基本概要；
- 演练发现的问题，取得的经验和教训；
- 应急管理工作建议。

演练结束后，由演练工作组根据演练记录、演练评估报告、应急预案，对演练进行较为系统的总结，并形成演练总结报告。参与演练的单位也可对本单位的演练情况进行总结。

5 如何做好应急演练工作

5.1 提高认识

对单位而言，开展应急演练，可以检验预案、锻炼队伍、验证应急准备、磨合应急机制。一旦发生事故，能够从容应对、减少人员伤害和财产损失。对个人而言，到企业工作是为了基本生存需要及更好的发展，必须确保自身安全健康，必须掌握自我保护、自救互救的技能，必须认真参加应急培训和演练。

根据“以练为战，平时多流汗、战时少流血”的要求，各单位要认真策划、组织应急演练工作，所有参演人员严格按照事故状态开展演练。

5.2 精心策划

5.2.1 频次达标

国家安监总局 88 号令要求，生产经营单位每年至少组织 1 次综合演练或专项演练，每半年至少组织 1 次现场处置方案的演练。各单位制定年度演练计划，既要符合总局的要求，同时更要符合本单位应急预案中规定的演练频次。

5.2.2 切合实际

要结合单位实际，根据生产经营的需要，充分利用本单位现有人力、物力资源，按照“先单项后综合、先桌面后现场、循序渐进、时空有序”等原则，合理安排演练的规模、形式、内容、时间、地点、经费以及责任人等。

5.2.3 紧贴预案

应急演练应以本单位相关应急预案为基础，体现和执行应急预案所有环节，并注重与相关政府开展联合应急演练。

5.3 选择形式

5.3.1 首选桌面推演

桌面演练一般是在会议室内举行，由应急组织的代表或关键岗位人员参加，对演练情景进行口头表述，讨论紧急情况时应采取的行动。

主要作用：一是在没有时间压力，二是检查和解决应急预案中问题，三是锻炼演练人员解决问题的能力，四是解决应急组织相互协作和职责划分的问题，五是为现场功能演练和综合演练做准备。

5.3.2 经常性开展功能演练

功能演练是指针对某项应急响应功能或其中某些应急响应活动举行的演练活动。各单位应多开展一些问题活动，将应急功能融入活动中，比如开展灭火、堵漏、人员防护、人员初期救治、疏散、应急设备物资调用、通讯保障等功能演练活动、趣味竞赛或应急运动会，检验应急响应人员以及应急管理体系的策划和响应能力。

5.3.3 综合演练贴近实战

综合演练指针对应急预案中全部或大部分应急响应功能，检验、评价应急组织应急运行能力的演练活动。全面演练一般要求持续几个小时，采取交互式进行，演练过程要求尽量真实，调用更多的应急响应人员和资源，并开展人员、设备及其他资源的实战性演练，以展示相互协调的应急响应能力。

5.4 应急资源调查

应急资源包括人力资源和物力资源，人力资源包括本单位人员构成、应急组织构建、协议单位及属地政府等方面的情况，物力资源包括本单位、协议单位及属地政府的应急装备、物资、个体防护设备等。

调查评估小组要评价企业在紧急情况下所具有的资源和控制紧急事故的人员。对现有资源，按人力、设备和供应进行评价。需要确定下面内容：

(1) 人力

① 紧急时可动员多少全职人员，多少兼职人员，多少志愿者?

② 培训水平如何?

(2) 通报和通信联络设备

① 有什么样的通信设备(例如：电话、专线电话、无线电和警笛)?

② 有多少应急指挥中心，它们位于何处?

(3) 个人防护设备

在何处、有多少和什么类型的个人防护设备(例如：呼吸器、防毒面具、防护服等)?

(4) 消防设备和供应

① 有什么类型的消防设备(例如：消防车、消防梯、液压起重机)?

② 有无消防水系统?

③ 有什么替代水源?

④ 有什么样和多少消防设备(例如，各种便携式灭火器、泡沫罐、灭火药剂)？

(5) 事故控制和防污染设备及供应

① 有什么专用工具和设备，在什么地方？

② 有多少掘土设备？

③ 有什么类型的防污染设备和药剂(例如中和剂)？

(6) 医疗服务机构、设施、设备和供应

① 当地医院和其他医疗机构的位置？

② 它们的装备如何？

③ 有多少救护车？

④ 有多少医生、护士？

(7) 监测系统

① 有什么样的监测和检测系统，有多少？

② 这些化学实验室是否能进行危险物质分析？

③ 是否有专门技术参考资料的图书馆或数据库？

(8) 气象站

① 有多少气象站(特别是确定风向)？

② 它们位于何处？

(9) 交通系统

① 有多少卡车和其他交通设备以便在紧急时运输和供应？

② 有多少车辆可用来运输和疏散人员？

(10) 保安和进出管制设备

① 是否有足够的警力以控制交通和疏散时执法？

② 是否有足够进出管制设备(例如，路障)以便在紧急时控制交通？

(11) 社会服务机构、设施和设备

① 有多少接收疏散人员的设施？

② 有多少房屋、毯子和其他设备、设施？

应对应急资源进行全面调查，形成清单，结合应急演练情景的设计情况，分析评判应急资源的储存、完好、调用、使用情况，得出结论，资源不足的应租借或采购，确保演练的需要。

5.5 应急能力分析

应急能力评估是突发事件分级的关键，是依据危险分析的结果，对应急资源的准备状况充分性和从事应急救援活动所具备的能力进行评估，以明确应急救援的需求和不足，为应急演练方案和脚本的编制奠定基础。应急能力包括应急资源(应急人员、应急设施、装备和物资)、应急人员的技术、经验和接受的培训等，它将直接影响应急行动的快速、有效性。

在评估与潜在危险相适应的应急能力的基础上，选择最现实、最有效的应急策略。

根据最可能发生的事故场景，分析小组可以确定出不同紧急情况下相应的应急反应行动。小组要能够回答以下问题：

(1) 在紧急情况下谁该做什么，什么时候做、怎么做?

(2) 整个应急过程由谁负责，管理结构应该如何适应这种情况?

(3) 如何通报紧急情况，谁负责通知?

(4) 可获得哪些外部援助，什么时候能到达?

(5) 在什么情况下厂内和厂外人员应该进行避难或疏散?

(6) 如何恢复正常操作?

6 演练通用程序

演练通用程序见图 6-1。

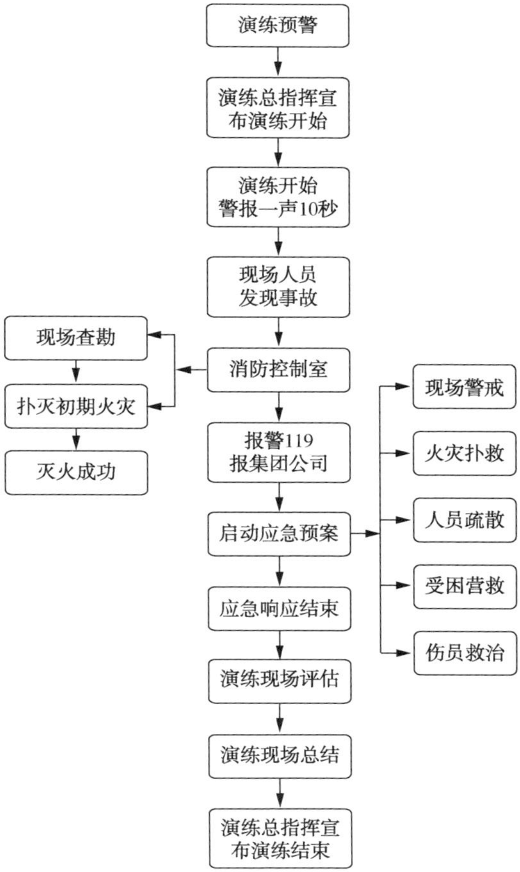

图 6-1　演练流程图

6.1 报告

假定现场发现事故或可燃气体报警仪(自动火灾报警系统)报警，第一发现者要立即报告给当班领导(班组长、车间主任等)。

6.2 确认

接到报告后，当班领导要安排岗位人员佩戴过滤式面罩或空气呼吸器到现场确认。

6.3 报警

事故确认后，按照报警程序和要求立即报警，报警主要内容：

(1) 事故发生时间；

(2) 事故发生地点(单位名称、装置名称)；

(3) 泄漏事故还是着火事故，若着火要说明火势大小；

(4) 泄漏或着火物料(介质)是什么，储存量多少；

(5) 是否有人员受伤，伤员人数和受伤严重程度。

6.4 班组响应

6.4.1 救人

要把救人放在第一位，若有人员受伤，当班领导要在第一时间组织人员佩戴空气呼吸器现场抢救受伤人员至安全地带，并施行急救，在专业医护人员到达之前不能放弃，现场施救如图 6-2 所示。

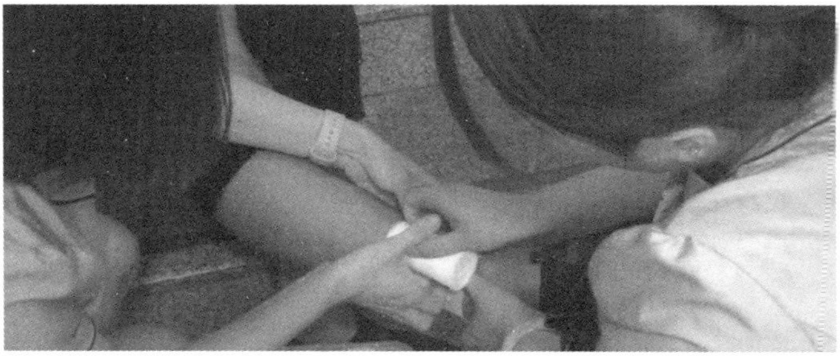

(a)

(b)

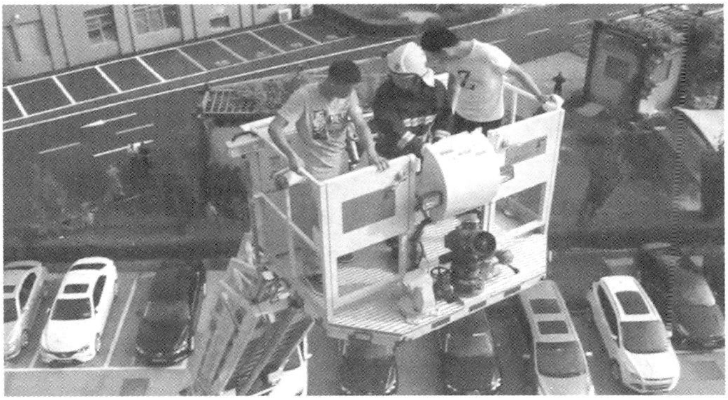

(c)

图 6-2　现场施救

6.4.2 警戒疏散

安排做好自身防护的人员，第一时间疏散事故区域和影响区域内的一切无关人员（图 6-3），停止一切直接作业，杜绝一切点火源。

图 6-3 疏散事故区域

6.4.3 工艺处置

优先安排内操人员进行远程工艺处置，如图 6-4 所示。

远程处置无效情况下，在确保应急人员自身安全的前提下现场关阀断料、倒空物料、局部停车或全面停车。

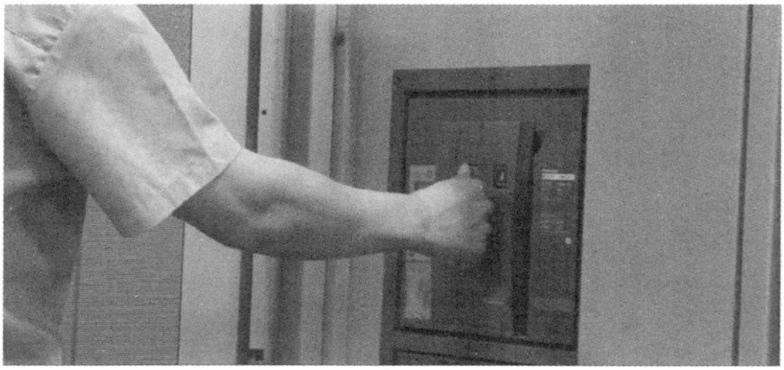

(a)

图 6-4 内操人员进行远程工艺处置

(b)

图 6-4 内操人员进行远程工艺处置(续)

6.4.4 上报单位领导

当班领导立即将事故情况和初期处置措施报告单位领导，并提出启动单位预警或单位应急预案的建议。

6.5 单位响应

单位领导接到报告后，决定启动预警响应或应急响应，并前往事故现场。立即将事故情况、处置情况及救援请求上报属地政府的安监、环保、应急部门。

6.5.1 预警响应

事故较小，班组力量能够处置，单位启动预警，相关部门和人员做好应急准备。

6.5.2 应急响应

超出了班组的应急能力，必须启动单位应急预案进行响应：

① 立即成立现场指挥部，现场指挥部要有明显标志，现场最高领导任现场总指挥，总指挥要佩戴袖标（或有明显标志），指挥部设在上风向。

② 有受困人员，应组织侦察、检测小组进入事故现场实施侦察和检测，侦察小组人员要采取可靠的自我防护措施，佩戴隔绝式空气呼吸器，穿着避火服、隔热服、全封闭式消防防化服或其他型号满足要求的防化服，携带防爆呼救器、安全绳、先进通信设备等深入到现场内部，查找中毒或受伤人员，确定数量和位置，要尽最大能力解救受困人员。若受困人员受伤，要施行急救，在专业医护人员到达之前不能放弃，或直接用气防车将受伤人员送往医院治疗。

③ 组织检测、警戒疏散，检测小组人员佩戴隔绝式空气呼吸器，携带可燃气体检测仪器，从外围进入现场实施动态检测。不断实施动态检测，有新情况及时上报。

根据检测情况确定警戒范围，对相关危险区域进行分级管理，确定硫化氢泄漏的高危区域、危险区域、安全区域，在警戒范围划定以后，仍要检测结果的变化及时调整隔离区的范围。设立警戒标志，要有专人值守，禁止无关车辆、人员进入。同时，疏散现场无关人员到事故区域的上风向安全地带集结，杜绝一切点火源。现场如图 6-5 所示。

图 6-5　禁止无关车辆进入

④ 参与应急处置行动人员，必须采取自我防护措施，佩戴有效的防护用品进入警戒区域，现场如图 6-6 所示。在应急处置过程中必须全力保护事故区内电缆、仪表线路、精密仪器仪表、关键机泵、关键设备、线缆桥架等，避免造成其损坏引发次生事故灾害。

图 6-6　佩戴防护用品进入警戒区

⑤ 根据现场实际情况，及时启动事故罐的固定水喷淋设施，对相邻的罐组也要启动固定水喷淋设施，在整个罐组较大范围内稀释泄漏气体浓度，降低混合气体浓度，防止产生爆炸。对事故区域的其他重点部位，如阀门、法兰、沟壑、低洼等部位，也要加强保护，防止爆炸。

⑥ 要指派接应人员，到路口引导应急救援队伍和车辆，引导他们顺利到达事故现场，展开应急救援、应急抢险、医疗救护行动，如图 6-7 所示。

⑦ 在遇到危及人身安全的险情时，现场总指挥有权在第一时间下达停产撤人命令。

图 6-7　引导应急救援队伍和车辆

6.6　后期处置

应急处置结束后，按照现场总指挥的指令展开后期处置工作，比如堵漏、物料回收、污水收集处理等，过程中禁止使用非防爆器材装备。

具体抢险堵漏措施如下：

（1）储罐、容器、管道壁发生微孔泄漏，可用注胶、注入黏合剂等方法堵漏。

（2）储罐、容器发生少量泄漏时，可采取打卡箍方法阻止泄漏。

（3）储罐、容器、管道壁发生大量外泄时，可采取关阀断料、开阀导流、倒罐转移等方法，也可采用砂土、水泥等筑堤，以水流或泡沫覆盖加以保护。

（4）如果泄漏点在阀门后面，若阀门尚未损坏，一般采取关闭阀门，断绝物料的措施；当泄漏点处在阀门以前或阀门损坏，不能采取关阀止漏时，可使用堵漏楔、堵漏袋等器具封堵，也可用橡胶垫等包裹、捆扎等。

（5）如果泄漏点在罐体底部，可采用注水法从底部向储罐注水，用水淹没泄漏点，然后再采取其他措施转移物料等。

(6) 针对采取的各项抢险堵漏措施，消防支队要安排消防车实施现场保护，以防止产生火花，引发燃烧爆炸。

(7) 当漏点消除后，要实施现场监护，对现场进行动态检测，同时保护操作人员处理泄漏物，协助操作人员处理冲洗现场，当现场没有任何的隐患时，停止监护，结束任务。

6.7 环境监测

检测人员要采取有效的自我防护措施，按照现场指挥部的指令，对大气、水体、土壤等进行环境检测，对事故造成的环境影响作出正确评估，报现场总指挥。

6.8 现场点评

应急演练后，总指挥要对演练效果进行现场点评，如图 6-8 所示，总结分析预案存在的问题和不足，提出持续改进措施和要求。

图 6-8 对演练效果进行点评

6.9 应急结束

根据应急处置、善后处置和检测评估结果，总指挥宣布关闭应急预案，演练结束，进入现场讲评阶段。

附录

附录 1　某企业应急救援演练方案

一、应急演练目的

1. 评估该企业应急准备状态，发现并及时修改应急预案、执行程序、行动检查表中的缺陷和不足；

2. 评估该企业重大事故应急能力，识别资源需求，澄清相关单位和人员的应急职责，改善其协调问题；

3. 检验应急响应人员对应急预案、执行程序的了解程度和实际操作技能，评估应急培训效果、分析培训需求；同时，作为一种培训手段，通过调整演练难度，进一步提高应急响应人员的业务素质和能力；

4. 提高全员安全意识。

二、演练适用范围、总体思想和原则

本方案针对动用该企业内部应急力量进行全面演练进行情景设计，按照《安全生产法》《危险化学品安全管理条例》等国家相关法律、法规、标准和企业应急预案的要求，进行演练策划，遵守“保护生命、安全第一、预防在先”的方针和“救护优先、防止和控制事故扩大优先、保护环境优先”的原则。在组织实施过程中，科学计划、结合实际、突出重点、周密组织、统一指挥、分步实施、讲究实效，保证演练参与人员、公众和环境的安全。

三、演练策划组

组　长：×××

副组长：×××　×××

成　员：×××　×××　×××

其承担的任务主要包括：确定演练目的、原则、规模、参演的单位；确定演练的性质与方法，选定演练的地点与时间，规定演练的时间尺度和公众参与的程度；确定演练实施计划、情景设计与处置方案，审定演练准备工作计划和调整计划；检查和指导演练准备与实施，解决演练准备与实施过程中所发生的重大问题；协调各类演练参与人员之间的关系；组织演练总结与追踪。

四、应急演练参与人员

按照应急演练过程中扮演的角色和承担的任务，将应急演练参与人员分为演习人员、控制人员、模拟人员、评价人员和观摩人员，这五类人员在演练过程中都有着重要的作用，并且在演练过程中都应佩戴能表明其身份的识别符。

1. 演习人员

按该企业应急预案规定所有内部应急组织和人员

其承担的任务主要包括：救助伤员或被困人员；保护公众安全健康；获取并管理各类应急资源；与其他应急响应人员协同应对重大事故或紧急事件。

2. 控制组

组长：×××

成员：×××　×××　×××(分别派驻指挥中心、事故岗位、消防队桥头)

其承担的任务包括：确保应急演练目标得到充分演示；确保演练活动对于演习人员具有一定的挑战性；保证演习进度、解答演习人员疑问和演练过程中出现的问题；保证演练过程的安全。

3. 评价组

组长：×××

成员：×××　×××　×××(分别派驻指挥中心、事故岗位、消防队桥头)

其承担的任务：观察演练人员的应急行动，并记录其观察结果；在不干扰演练人员工作的情况下，协助控制人员确保演练按计划进行。

4. 模拟人员

场外应急组织模拟人员：×××

模拟伤员：×××

模拟应急响应效果人员：×××(模拟泄漏)　×××(释放烟雾)

模拟被撤离和疏散人员：若干

5. 观摩人员

邀请市、区安监局及厂安环部前来观看。

五、应急演练时间、地点

2014 年××月××日×：××—×：××

地点：某化工企业

六、应急演练目标、评价准则及评价方法

根据演练范围和目的，确定展示以下演习目标(表 1)

表 1　应急演练目标

序号	目　标	展示内容	目标要求	备注
1	应急动员	展示通知应急组织，动员应急响应人员的能力	责任方采取一系列举措，向应急响应人员发出警报，通知或动员有关应急响应人员各就各位；及时启动应急指挥中心和其他应急支持设施，使相关应急设施从正常运转状态进入紧急运转状态	

续表

序号	目　标	展示内容	目标要求	备注
2	指挥和控制	展示指挥、协调和控制应急响应活动的能力	责任方具备应急过程中控制所有响应行动的能力。事故现场指挥人员和应急组织、行动小组负责人都应按应急预案要求，建立事故指挥体系，展示指挥和控制应急响应行动的能力	
3	事态评估	展示获取事故信息，识别事故原因和致害物，判断事故影响范围及其潜在危险的能力	要求应急组织应具备通过各种方式和渠道，积极收集、获取事故息，评估、调查人员伤亡和财产损失、现场危险性以及危险品泄漏等有关情况的能力；具备根据所获信息，判断事故影响范围，以及对公众和环境的中长期危害的能力；具备确定进一步调查所需资源的能力；具备及时通知场外应急组织的能力	
4	资源管理	展示动员和管理应急响应行动所需资源的能力	要求应急组织具备根据事故评估结果，识别应急资源需求的能力，以及动员和整合内外部应急资源的能力	
5	通信	展示与所有应急响应地点、应急组织和应急响应人员有效通讯交流的能力	要求应急组织建立可靠的主通信系统和备用通信系统，以使与有关岗位的关键人员保持联系	
6	应急设施	展示应急设施、装备及其他应急支持资料的准备情况	要求应急组织具备足够的应急设施，且应急设施内装备和应急支持资料的准备与管理状况能满足应急响应活动的需要	

续表

序号	目　标	展示内容	目标要求	备注
7	警报与紧急公告	展示向公众发出警报和宣传保护措施的能力	要求应急组织具备按照应急预案中的规定，迅速完成向一定区域内公众发布应急防护措施命令和信息的能力	
8	应急响应人员安全	展示监测、控制应急响应人员面临的危险的能力	要求应急组织具备保护应急响应人员安全和健康的能力，主要强调应急区域划分、个体保护装备配备、事态评估机制与通讯活动的管理	
9	警戒与治安	展示维护警戒区域秩序、控制交通流量、控制疏散区和安置区交通出入口的组织能力和资源	要求责任方具备维护治安、管制疏散区域交通道口的能力，强调交通控制点设置、执法人员配备和路障清理等活动的管理	
10	紧急医疗服务	展示有关现场急救处置、转运伤员的工作程序，交通工具、设施和服务人员的准备情况，以及医护人员、医疗设施的准备情况	要求应急组织具备将伤病人员运往医疗机构的能力和为伤病人员提供医疗服务的能力	
11	泄漏物控制	展示采取有效措施遏制危险品溢漏，避免事态进一步恶化的能力	要求应急组织具备采取针对性措施对泄漏物进行围堵、收集、清洗的能力	
12	消防与抢险	展示采取有效措施控制事故发展，及时扑灭火源的能力	要求应急组织具备采取针对性措施，及时组织扑灭火源，有效控制事故的能力	

续表

序号	目　标	展示内容	目标要求	备注
13	撤离与疏散	展示撤离、疏散程序以及服务人员的准备情况	要求应急组织具备安排疏散路线、交通工具、目的地的能力，以及对疏散人员交通控制、引导、自身防护措施、治安、避免恐慌情绪的能力并对人群疏散进行跟踪、记录	

为了确定演练达到目标要求，检验各应急组织指挥人员及应急响应人员完成任务的能力的目的，必须在演练覆盖区域的关键地点和各参演应急组织的关键岗位上，派驻公正的评价人员，全面、正确地评价演练效果。评价人员的作用主要是观察演练的进程，记录演习人员采取的每一项关键行动及其实施时间，访谈演习人员，要求参演应急组织提供文字材料，评价参演应急组织和演习人员的表现并反馈演习发现。按对人员生命安全的影响程度将演习发现划分为三个等级，从高到低分别为不足项、整改项和改进项。

七、演练现场规则

为确保演练参与人员、公众和环境的安全，应急演练必须遵守以下规定：

1. 演习过程中所有消息或沟通必须以“这是一次演习”作为开头或结束语，事先不通知开始日期的演习必须有足够的安全监督措施，以便保证演习人员和可能受其影响的人员都知道这是一次模拟紧急事件；

2. 参与演习的所有人员不得采取降低保证本人或公众安全条件的行动，不得进入禁止进入的区域，不得接触不必要的危险，也不使他人遭受危险；

3. 演习过程中不得把假想事故、情景事件或模拟条件错当成真的，特别是在可能使用模拟的方法来提高演习真实程度的那些地方，如使用烟雾发生器、虚构伤亡事故和灭火地段等，当计划这种模拟行动时，事先必须考虑可能影响设施安全运行的所有问题；

4. 演习不应要求承受极端的气候条件或污染水平，不应为了演习需要的技巧而污染大气或造成类似危险；

5. 参演的应急响应设施、人员不得预先启动、集结，所有演习人员在演习事件促使其做出响应行动前应处于正常的工作状态；

6. 除演习方案或情景设计中列出的可模拟行动及控制人员的指令外，演习人员应将演习事件或信息当作真实事件或信息做出响应，应将模拟的危险条件当作真实情况采取应急行动；

7. 所有演习人员应当遵守相关法律、法规，服从执法人员的指令；

8. 控制人员应仅向演习人员提供与其所承担功能有关并由其负责发布的信息，演习人员必须通过现有紧急信息获取渠道了解必要的信息，演习过程中传递的所有信息都必须具有明显标志；

9. 演习过程中不应妨碍发现真正的紧急情况，应同时制订发现真正紧急事件时可立即终止、取消演习的程序，迅速、明确地通知所有响应人员从演习到真正应急的转变；

10. 演习人员没有启动演习方案中的关键行动时，控制人员可发布控制消息，指导演习人员采取相应行动，也可提供现场培训活动，帮助演习人员完成关键行动。

八、应急演练前的准备

1. 演练前 1～2 天，用广播通知全厂职工及企业周边群众，以免引起不必要的恐慌（例如：企业已于演练前夕向周边群众发放了 1000 份《××地区化学事故紧急疏散须知》卡片）；

2. 策划组对评价人员进行培训，让其熟悉企业应急预案、演练方案和评价标准；

3. 培训所有参演人员，熟悉并遵守演练现场规则；

4. 采购部门准备好模拟演练的物品和器材；

5. 演练前，策划人员将通讯录发放给控制人员和评价人员；

6. 评价组准备好摄像器材，以便进行拍摄图片及摄像，做好资料搜集和整理。

九、应急演练事故情景说明

2014 年某车间正在进行光气接收作业，突然光气贮槽 A01 进口阀门前法兰与管道焊接处发生泄漏，泄漏未得到有效控制并逐步升级扩散。因现场大量腐蚀性烟雾造成电气短路导致全厂停电并引起该岗位易燃化学品贮槽 A0n 起火，消防队迅速出动，从应急取水口取水灭火。假定当时气象条件：气温 30℃，多云，主导风向为东北风，风速 2.1m/s。

十、演练程序

时间	场　景	应急行动
××：00	开始	策划组长宣布应急演练开始
××：01	泄漏发生	假设某车间 A 岗位正在向光气贮槽 A01 进行光气接收作业，突然发生光气泄漏
××：01	发现与初期处理	现场临时指挥者(事故第一时间内，现场最高行政职务者)组织当班人员佩戴好防毒面具，通知在现场作业的外单位人员立即撤离现场，立即停止相关的光气生产操作。组织人员查找泄漏点，将系统压力消除； 当班人员向现场临时指挥者报告：泄漏点位于光气贮槽 A01 进口阀门前法兰与管道焊接处
××：02	报警	现场临时指挥者向厂调度中心、车间领导报告：A 岗位在光气接收过程中，贮槽 A01 进口阀门前法兰与管道焊接处出现光气泄漏。并通知相邻岗位做好个人防护

续表

时间	场　景	应急行动
××：03	接警与动员	厂调度中心接警后，立即报告：应急总指挥、副总指挥； 通知：B岗位立即启动喷氨装置，向A岗位厂房喷氨，注意喷氨量； 总排风站加大喷氨处理尾气，并启动备用风机； 应急救援指挥部成员迅速到应急指挥中心（预案规定为调度中心）； 通知相邻岗位（岗位1、2、3、4）做好停车准备
××：05		事故车间领导及管理人员到达事故现场，投入抢险。事故车间负责人制定具体处置措施
××：07		应急指挥部全体成员到达应急指挥中心。事故车间负责人向指挥部报告事故情况，并提出堵漏、抢险的具体措施
××：09		总指挥命令各职能部门按其职责和分工各就各位，立即开展救援工作，相关应急设施从正常运转状态进入紧急运转状态
××：12		应急救援组到达事故现场实施抢险
××：14	队伍到位实施救援	医疗救护人员到达消防队桥头准备现场急救； 应急救援车辆（包括应急车、厂办小车、供运处车辆）到达消防队待命； 技安处调配氧气、空气呼吸器、防毒面具及药盒到事故现场备用； 保卫处人员到达指定地点，并按要求设置多级警戒线，进行交通管制，清理路障，维持现场秩序； 政工稳定组广播值班员到位，播放音乐待命； 通信系统出现故障，固定电话全部无信号，迅速启动移动电话通讯，通讯组人员进行应急抢修； 环保处尘毒监测人员进入事故现场，对事故现场光气扩散区域进行光气浓度和风向、风速监测，并及时向指挥中心报告测试结果

续表

时间	场　景	应急行动
××：16	事态评估	应急救援组长向指挥部报告：泄漏无法堵住，并有液态光气流出，现场碱液即将用完； 环保处尘毒监测人员向指挥中心报告：光气浓度严重超标，主导风向为东北风，风速 2.1m/s； 总指挥命令：后勤保障组立即组织向事故岗位运碱，岗位 1、2、3、4 立即在采取紧急措施和安全性停车后撤离
××：18	紧急撤离	事故现场腐蚀性烟雾太浓，视线距离不足 0.5m，副总指挥命令应急救援人员暂撤出厂房； 在保卫处人员协助下，岗位 1、2、3、4 人员撤离到消防队桥头，政工稳定组清点人数，向指挥部报告：缺少岗位 1 职工 A
××：23	搜救	指挥部命令一名保卫处和一名医疗救护人员立即乘应急车搜救
××：25	紧急医疗服务	在岗位 1 发现职工 A 已中毒，经现场紧急处理后，转运至职工医院做进一步处置； 政工稳定组组织撤离人员到急救站进行预防性医学处理
××：26	事故扩大	事故现场出现电火光，全厂停电，易燃化学品贮槽 A0n 起火； 应急救援人员用现场灭火设施灭火，火势逐步扩大
××：27	事态评估	副总指挥命令消防车立即出动，投入灭火抢救； 向总指挥报告事故现场情况； 总指挥命令预启动全体(社区)应急预案
××：28	消防车出动	
××：29	消防与抢险	应急指挥中心指令全厂生产系统作安全性处置后，非抢险人员根据所处位置，分别撤离至消防队桥头和生活区
××：30		消防队到达事故现场，队长制定具体处置方案，在应急取水口取水灭火； 能计处切断事故岗位电源，启动保安电

续表

时间	场　景	应急行动
××：30	紧急公告	广播值班人员通知全厂职工家属及附近居民作好撤离准备
××：30	求援	应急联络组向长寿区应急指挥中心请求：预启动全体（社区）应急预案
××：35	紧急撤离	政工稳定组组织清点撤离人员（保卫处协助），稳定撤离人员情绪
××：35	后勤保障	后勤保障组向指挥中心报告完成后勤生活保障准备
××：36	事态得到控制	火势得到控制
××：40		事故岗位厂房内烟雾逐渐减少，管道中光气全部吹回贮槽
××：45		火灾被扑灭，无人员伤亡
××：45	现场恢复	固定电话系统故障排除； 现场继续进行清理，污水排至废水系统进行无害化处理； 应急抢险人员及设施洗消，人员清点，医疗服务人员对应急抢险人员进行预防性医学处理； 恢复正常供电系统
××：55	应急结束	总指挥发布命令：应急状态结束，解除警报
××：58	演练结束	评价人员访谈演练参与人员，评价组向策划组提交书面评价报告； 策划组长宣布演练结束，召开总结会

十一、应急演练总结与追踪

在演练结束2周内，策划组根据评价人员演练过程中收集和整理的资料，以及演习人员和总结会中获得的信息编写演练总结报告。策划组应对演练发现进行充分研究，确定导致该问题的根本原因、纠正方法、纠正措施及确定完成时间，并指定专人负责对演练中的不足项和整改项的纠正过程实施追踪，监督检查纠正措施的进展情况。

附录2　某罐区火灾应急演练总结

演练时间：20××年××月××日 10：10

演练地点：炼油厂××原油罐区

演练科目：火灾应急演练

演练类型：大型实战演练

演练级别：××××公司二级响应

演练目的：检验公司应急救援能力及应急预案的符合性

演练要求：扑灭火灾、安全转移物料、控制污染物、无人员伤害事故

参与人员：公司领导，公司机关有关部室、炼油厂、消防支队、职防所、飞燕监测站、物装中心、××医院有关人员

一、演练进程简述

演练科目的提出：10：10，公司领导到操作室，向操作人员提出在“罐区9901罐顶因雷击发生火灾，请求公司二级响应”。

当班操作人员应急响应：当班操作人员听到演练指令后，立即向班长报告，班长启动预案：一职工向消防支队指挥中心、炼油厂调度室报告，其他职工开启消防喷淋、泡沫系统、消防补水系统，同时进行工艺处理。

消防支队应急响应：10：11，消防支队指挥中心接警，10：12，指挥中心命令四中队、一中队及六中队曲臂车出警。10：14，四中队驻罐区消防车到达火场，10：26，四中队及增援车辆消防支队领导到达罐区，设立现场指挥部，2min后车辆出水；10：28，一中队到达罐区；10：32，六中队曲臂车到达罐区。

炼油厂应急响应：10：36，炼油厂部室相继到达罐区现场，向总指挥报道，在总指挥部署下开展应急救援工作。10：50，正邦公司应急救援力量赶到现场。

公司应急响应：10∶36，凤凰医院救援车辆赶到现场；10∶38，公司安全监察部到达罐区现场，向总指挥报道。10∶42，职防所到达现场，向总指挥报道，承担现场作业环境监测任务，10∶50，职防所上报监测结果。

二、演练总体评述

本次演练过程中，炼油厂当班操作人员应急响应措施到位、处理得当，炼油厂各部室、厂领导动作迅速，到达现场后应急人员职责清晰。消防支队战术动作迅速、准确，指挥部设立合理。总体上，火灾扑救、工艺处理合理，特别是炼油厂及消防支队应急响应符合预案要求。

在本次演练中，暴露如下问题：

1. 公司个别部室未完全按照预案开展应急响应，出现了不应有的失误，致使在本次演练中，公司各部室应急救援工作受到了影响；

2. 一些应急救援力量到达现场后，未向现场总指挥报到，使总指挥无法了解应急救援力量到达情况，进而对应急行动产生一定影响；

3. 指挥部设立后，无人、无标志引导后续到达应急人员及时到达指挥部进行报到；

4. 应急救援过程中，救援现场秩序较为混乱，显示现场不同单位、不同部门之间协调还存在问题。

上述问题，现场总指挥已在演练讲评中传达，各单位已按总指挥要求，进一步提高应急准备、应急响应水平。

三、应急预案修改建议

无。

20××年××月××日

附录 3　化学事故应急救援单位联系方式

1. 各地火警电话：119

2. 各地报警电话：110

3. 各地医疗急救电话：120

4. 国家安全生产监督管理总局化学品登记中心

   国家化学事故应急咨询电话：0532-83889090（24 小时）

5. 国家中毒控制中心

   24 小时热线电话：010-83132345，63131122

6. 国家中毒控制中心河南分中心（河南省职业病防治研究所）

   热线电话：0371-66959721，66967348

7. 国家中毒控制中心广东分中心（广东省职业病防治院）

   24 小时热线电话：020-84198181

8. 国家中毒控制中心沈阳网络医院（沈阳市第九人民医院）

   24 小时热线服务电话：024-25718880，25718881

9. 国家中毒控制中心徐州网络医院（徐州第三人民医院）

   热线电话：0516-83575037（日），83770936（24 小时）

10. 上海市中毒控制中心

    咨询电话：021-62951860，62758710-1720

参　考　文　献

[1] 邢娟娟. 企业重大事故应急管理与预案编制[M]. 北京：航空工业出版社，2005.

[2] 国家安全生产应急救援指挥中心. 危险化学品应急救援[M]. 北京：煤炭工业出版社，2008.

[3] 中国疾病预防控制中心. 最新实用危险化学品应急救援指南[M]. 北京：中国协和医科大学出版社，2003.

[4] 任树奎. 危险化学品常见事故与防范对策[M]. 北京：中国劳动社会保障出版社，2004.

[5] 方文林. 危险化学品基础管理[M]. 北京：中国石化出版社，2015.

[6] 方文林. 危险化学品法规标准[M]. 北京：中国石化出版社，2015.

[7] 方文林. 危险化学品应急处置[M]. 北京：中国石化出版社，2015.